團體膳食

管理與製備

黃韶顏　　倪維亞 著

五南圖書出版公司 印行

自序

　　自古以來就有團體膳食，如軍隊、醫院、工廠、餐館等都是。既然是團體膳食，份量的控制就非常重要。由小量的熟食能算到生的食材採購量，不論幾萬人份的食材都可以可控制得很好。

　　本書主要教大家要做好菜單設計、量的控制、食材採購、驗收、製備、人事管理、衛生安全等，一貫作業一氣呵成，讓團體供膳能做到供應合乎營養、安全、好品質的食品。

　　團體膳食所做出來的食品只有燉煮、烤、煎、炸的方法，卻可以做出很好的成品。而炒、爆的成品小量，卻較大量的品質好。

　　近年來，食品添加物濫用，使得外食者人心惶惶。所以，相對的，團膳要做到標準化，並常用已標準化的菜單，食品添加物也常加入食材中，因此，製作團膳者一定要了解合法與不合法的食品添加的種類與使用份量。食品衛生署要團膳機構必須做衛生基本檢驗，才能讓消費者對團膳機構製作出來的產品有信心。

　　團膳製備需要有好的食材，選構優質的食材是奠定食物製備的基礎。良好的機構設備可確保切出來的食材有好的外形，並能做好菜。做好的成品貯存於適合的溫度，可以延長食品的貯存期限。

　　隨著團體膳食供膳人數近年來的大增，對食品安全的要求也是消費者十分重視的課題。因此，加強理論基礎可保證團體膳食能做得更優質，希望本書可帶給臺灣團膳工作者更精進的理論與實務之相關知識。

黃韶顏、倪維亞　謹記

CONTENTS
目　錄

第一章

緒　論

經濟部統計臺灣在2013年餐飲業每年有4,366億收入，外食人口增加快速，近四成民眾每週外食超過11餐，團體膳食供餐是十分重要的一環。

第一節　團體膳食之定義

團體膳食是指所製作出來的餐食，販賣對象是一群人，一次提供100人份或1日提供250人份以上膳食稱為團體膳食。

團體供膳機構分為營利性與非營利性，營利性如豪華飯店、速食業、連鎖業、航空餐，非營利性包括學校午餐、工廠膳食、社會福利機構（如老人院、育幼院）、軍隊、監獄。以營利性為主的團體膳食食物成本占售價的25～35%，非營利性的團體膳食食物成本占售價的50～60%。

可用市場大小來做團膳的分類，如以公司企業、各級學校、醫院及活動、會議之團膳。臺灣的團體膳食機構每餐製作5萬餐就相當可觀，然而在大陸由20年前大食堂的供膳基礎，團膳機構每餐可供應30～40萬人餐，估計全中國每年團膳營業類將近1兆人民幣，全中國每天團膳市場營業額接近20億人民幣，如中式快餐連鎖店「真功夫」，「鄉村基」、「福記」、「千喜鶴」均為有名的團膳企業。團膳機構除了供應膳食外，尚兼辦提供食材、承辦宴席，因此對於機構內人員的培訓是十分積極的。

團體膳食由菜單設計、採購、驗收、入庫、儲存、烹調、供餐、服務、清理，至廚餘處理等各個環節，均應十分重視。

在菜單設計方面常使用循環性菜單。此外為保有相同品質的成品也常使用自己研發的標準化食譜。

團體膳食管理與製備

一、循環性菜單

團體供餐為了精簡工作流程，菜單設計宜用循環式菜單，臺灣春、秋天氣相近，因此宜依春秋、夏、多三季來設計三季的菜單，在每季中的菜單循環使用，菜單的套餐由每星期供應天數的3倍或4倍加1或減1。如幼稚園每星期供應五天，宜設計14、16、19、21套。總之，應盡量避免在同一星期供應相同的菜單。

當設計好的循環菜單，第一次使用時如果有缺失，第二次應修改，才會有完美的菜單組合。

二、標準化食譜

團膳公司為了品質管制，每道菜應有標準。所謂標準化食譜是指只要具備中等能力，依循一定的操作均可得到相同品質的成品。

現在連續經營的餐飲經營機構為確保品牌，品質管控是最重要的，更須重視標準化。

(一)標準化操作

先由小量來做標準化的基礎，一般以5人份做基礎，將食譜可能用到的食材，包括新鮮材料及調味料經由試做達到一定水平，則為5人份標準，再乘2倍，如達到與前次試做相同品質，再乘2倍，至100人份即可做團膳標準食譜。

(二)標準食譜的寫法

標準食譜以100人份為標準，應包括菜單份數，所需食材項目（新鮮材料、調味料）食材均以重量計量，以操作步驟來寫調味料，操作步驟可用文字描述，亦可用流程方式來書寫。（如表1-1）

表1-1　菜單　白蘿蔔燒肉　　　　　　　　　　　　　份數：100人份

食材項目		百分比%	重量（公斤）	操作步驟
白蘿蔔		100	5	1.白蘿蔔削除外皮切成滾刀塊，胛心肉切成3份正方丁 2.將白蘿蔔、胛心肉加調味料入煮鍋燜煮30分鐘
胛心肉		100	5	
調味料	醬油	12	0.7	
	冰糖	4	0.2	
	水	20	1	
	蔥段	10	0.5	

第二節　團膳公司品牌經營管理

　　良好的商譽可促進公司成長，增加公司的財源，團膳公司因生產大量的食物更需重視品牌的管理。現將臺灣餐飲產業不同公司的品牌管理介紹於下：

一、速食業的管理

　　速食業重視品質（quality）、服務（service）、衛生（clean）、價值（value）、親切（hospitality）、美味（delicious），品質之要求以在一定時間內製作好並於一定時間內保存，超過時間應即丟棄為原則。如「麥當勞」做的漢堡，超過15分鐘則不供應；「肯德基」的雞隻有一定品種，飼養3個月屠宰；奶昔有一定的甜度，到各國展店要修改配方須經總部同意。衛生管理則講求明亮、乾淨，隨時保持乾淨。用料也有一定標準，如油炸用油，會用試紙做檢測，超過標準則請回收廠回收。價值則讓客人能感受到所吃的餐食符合價格需求；親切則訓練員工對顧客保持和藹可親的態度；美味則以餐食可口、有標準配方、標準作業來做規範。

二、營養午餐的管理

臺灣中小學營養午餐每日供應數量龐大，供膳原則為重視學生的健康及營養攝取，由營養師做菜單設計，且由學校供餐或由團膳公司製作餐盒供應。

三、連鎖餐飲業

1984年，「麥當勞」進入臺灣市場，國際連鎖餐飲經營持續在國內升溫。以「王品」為例，企業的經營理念有三要素：人、產品和服務，即好的人才、品質好的產品及親切的服務，要求員工要誠實、群力、創新、滿意。

傳統產業轉型為連鎖餐飲成功的，如「鬍鬚張」，其管理模式有品牌管理、文化管理、組織管理、法治管理和人治管理。「鬍鬚張」原本以路邊攤起家，以傳統魯肉飯、臺式湯頭為主，現目標為推廣到全世界，與「華航」配合供應飛機餐，重視供應品質。

四、豪華飯店

飯店經營也是團體膳食之重要一種，當一次訂桌很多時餐食採購也很可觀。除了供餐之外，飯店經營還附加了布置的部分，如臺北「艾美酒店」秉承歐洲優雅的人文氣氛，進入飯店也能享受到博物館的氣息，消費者除了享用餐食之外，還享受了人文的氣息，因此餐食精緻小巧，價格就很高檔。

經營重視6P原則，亦即要有足夠的產品（Product）、好的經營環境（Place）、合理價格（Price）及良好的促銷活動（Promotion）、良好的行政能力（Political Power）及良好的公共關係（Public Relationship）。

(五)社會福利機構

社會福利機構的團膳經營很不容易，因為受制於財政能力，可用於

食物採購的金額十分有限，要讓接受餐食的人享受到色、香、味俱全的飲食需要採購到價格低廉的食材，菜單的搭配更須費心力。

第三節　團膳公司的管理方法

團膳公司的管理方法有下列幾種方式

一、緊迫盯人的方式

管理人員人數少，操作人員人數眾多，由少數管理人員緊迫釘人的方式管理其部屬。

二、金魚缸的管理方式

此種管理方式是指企業如透明的玻璃器皿，人們從不同角度均可觀察到玻璃缸中金魚活動的情況，可督促經營管理者接受職工的監督，奉公守法，潔身自好，另一方面有效地增強職工對經營管理者的信任感，增強企業的凝聚力。

三、野鴨的管理方式

此種管理方式是指管理者任用有才能的人，聽取其意見再決定採納與否。

四、鯰魚的管理方式

在水槽中放一條鯰魚，原本懶洋洋的沙丁魚看到鯰魚也會活動起來，如果團膳公司企業人力死氣沉沉，不妨聘用一位有活力之帶領者使企業恢復活力。

第四節　團膳公司的人力需求

團膳公司要能順利運轉需要不同的人才搭配，現依人才的需求、人才培訓略加說明如下。

一、人才需求

大的團膳公司一餐可供應50萬人餐，在人力需求上十分驚人，須有不同專業人才來配合。

(一)資訊人才

現今網路無遠弗界，須有資訊人才蒐集資料，如菜單、採購、庫房管理、烹調方法、儲存資料、消費者對餐食的喜好等，均須有良好的資料建置。

(二)研究人才

對於團膳市場的新發展、新見解、新思路，可提供決策參考。

(三)設計人才

如團膳公司視覺系統的建置、菜單設計、餐盒設計等均須有專業人才。

(四)管理人才

整體工作的縱向與橫向溝通協調，須有管理人才來執行。

(五)操作人才

團體膳食工作需要有大量的操作人力，如採購、前處理、烹調、洗滌、清潔等，須有大量人力，這些操作人才就像小螺絲釘，少一個就會出大問題。

(六)教育人才

員工的職前與在職訓練須隨時加強，消費者十分重視權益，不能有失誤，需要有人來督導員工接受公司品質管控的操作模式，對於新的產品開發時更要有新的技術訓練。

團膳公司有良好的制度才能永續經營，有好的員工在好的制度下更能使公司發展更好。人才培訓應朝哪些方向前進呢？

(一)智力投資

應努力增加員工新知識，智力增加，就可增加工作能力，公司的收益就可相對增加。

(二)提高工作效率

由於人事費用提升對公司經營是一大負擔，因此團膳公司可增購高效能工具，提高操作效率。但員工一定需知道工具的使用，否則反而會因為不當使用而造成損失。

(三)提升服務品質

由顧客抱怨可知道服務品質的好壞，人才培訓時應針對顧客抱怨修正操作模式。

(四)訓練可降低工傷事故

團膳使用大型機器操作，應教導員工標準步驟，以及發生意外之處理，才能降低災害之發生。

(五)加強組織凝聚力

團膳工作須整體配合，須強化組織凝聚力，才能有完善的工作成果。

第五節　團體膳食品質管理

為確保團體膳食機構生產出來的產品有一定的品質，符合衛生安全標準，行政院衛生福利部要求團膳機構須訂定餐飲安全管制系統，做危害分析重點控制（Hazard Analysis and Critical，即HACCP）

一、HACCP系統之七大要項

(一)危害分析

針對菜餚製作流程每一步驟列出可能的危害點。（如表1-2～1-8）

1. 做出食譜流程圖，找出會引起細菌快速增長的食物或製作過程的步驟。
2. 由食物操作過程，找出可能危害食物的危害點。

表1-2 危害分析工作表——白飯

加工步驟	潛在之安全危害	該潛在危害顯著影響產品安全（YES/NO）	判定左欄之理由	顯著危害之防治措施	本步驟是一重要管制點（YES/NO）
白米驗收	物理性（夾雜物）	NO	1.選擇合格供應廠商 2.洗米可去除		
	化學性（農藥、重金屬殘留）	YES	食用過多有害健康	選擇合格供應商或提供檢驗報告	NO
	生物性（病原菌及黴菌污染）	YES	微生物過多，可能造成食物中毒	1.購自優良廠商 2.後續炊煮步驟，雖未能殺死孢子，但於4小時內食用完畢，不致造成危害	NO
室溫儲藏	物理性（無）				
	化學性（黃麴毒素）	YES	食入過多有害健康	1.GHP控管倉儲RH≦70%，溫度≦28℃ 2.GHP控管先進先出	NO
	生物性（黴菌滋長）	YES	黴菌滋長可能產生毒素，食入過多有害健康	1.GHP控管倉偵RH≦70%，溫度≦28℃ 2.GHP控管先進先出	NO

加工步驟	潛在之安全危害	該潛在危害顯著影響產品安全（YES/NO）	判定左欄之理由	顯著危害之防治措施	本步驟是一重要管制點（YES/NO）
清洗	物理性（無）				
	化學性（無）				
	生物性（病原菌滋長）	YES	可能殘留病原菌，危害人體健康	1.清洗時間短暫，病原菌不致大量生長 2.後續炊煮雖未能殺死孢子，但在4小時內食用完畢，不致造成危害	NO
加水炊煮	物理性（無）				
	化學性（無）				
	生物性（病原菌孢子殘存）	YES	仙人掌桿菌孢子殘存，後續可能造成食物中毒	1.量測米飯中心溫度≧75℃殺死一般病原菌（CCP） 2.（仙人掌桿菌孢子殘存，GHP控管4小時內食用完畢）	YES

表1-3　危害分析工作表——烤雞腿

加工步驟	潛在之安全危害	該潛在危害顯著影響產品安全（YES/NO）	判定左欄之理由	顯著危害之防治措施	本步驟是一重要管制點（YES/NO）
冷凍雞腿驗收	物理性（夾雜異物）	NO	1.購自合格廠商 2.毛髮、碎骨不致造成危害		
	化學性（抗生素等動物用藥殘留）	YES	食入過多有害健康	購自合格廠商或提供檢驗報告	NO
	生物性（病原菌污染）	YES	病原菌可能滋長，危害人體健康	後續烤煮步驟去除	NO

加工步驟	潛在之安全危害	該潛在危害顯著影響產品安全（YES/NO）	判定左欄之理由	顯著危害之防治措施	本步驟是一重要管制點（YES/NO）
冷凍儲存	物理性（無）				
	化學性（無）				
	生物性（病原菌滋長）	YES	病原菌可能滋長，危害人體健康	1.GHP控管冷凍庫≦-18℃ 2.後續烤煮步驟去除	NO
冷藏解凍	物理性（無）				
	化學性（無）				
	生物性（病原菌滋長）	YES	病原菌可能滋長，危害人體健康	GHP控管冷藏庫≦7℃	NO
清洗	物理性（無）				
	化學性（無）				
	生物性（病原菌滋長）	YES	病原菌可能滋長，危害人體健康	1.清洗時間短暫病原菌不致大量生長 2.後續烤煮步驟去除	NO
醬油、糖驗收	物理性（無）				
	化學性（防腐劑過量－醬油）	YES	食入過多有害健康	購自合格廠商或提供檢驗報告	NO
	生物性（病原菌污染－醬油）	NO	高鹽環境病原菌不致生長		
室溫儲存	物理性（無）				
	化學性（無）				
	生物性（無）				
烤煮	物理性（無）				
	化學性（無）				

加工步驟	潛在之安全危害	該潛在危害顯著影響產品安全（YES/NO）	判定左欄之理由	顯著危害之防治措施	本步驟是一重要管制點（YES/NO）
烤煮	生物性（病原菌殘存）	YES	加熱溫度不足病原菌殘存，危害人體健康	量測雞腿中心溫度達85℃以上	YES

表1-4　危害分析工作表──炸秋刀魚

加工步驟	潛在之安全危害	該潛在危害顯著影響產品安全（YES/NO）	判定左欄之理由	顯著危害之防治措施	本步驟是一重要管制點（YES/NO）
冷凍調理秋刀魚驗收	物理性（無）				
	化學性（抗生素等動物用藥殘留）	YES	購自合格供應廠商或提供檢驗報告		NO
	生物性（病原菌污染）	YES	病原菌滋長，可能危害人體健康	1.購自合格供應廠商 2.GHP控管驗收溫度 3.後續油炸步驟去除	NO
冷凍儲存	物理性（無）				
	化學性（無）				
	生物性（病原菌滋長）	YES	病原菌滋長，可能危害人體健康	1.GHP控管冷凍庫溫度≦-18℃ 2.GHP控管先進先出	NO
冷藏解凍	物理性（無）				
	化學性（無）				
	生物性（病原菌滋長）	YES	病原菌滋長，可能危害人體健康	1.GHP控管冷藏庫溫度≦7℃ 2.後續油炸步驟去除	NO
油炸	物理性（無）				
	化學性（無）				
	生物性（病原菌殘存）	NO	為水活性低或含鹽量高，病原菌不易滋長		

加工步驟	潛在之安全危害	該潛在危害顯著影響產品安全（YES/NO）	判定左欄之理由	顯著危害之防治措施	本步驟是一重要管制點（YES/NO）
沙拉油驗收	物理性（無）				
	化學性（過氧化物）	YES	食入過多有害健康	1.購自優良廠商 2.GHP控管驗收	
	生物性（無）				
室溫儲存	物理性（無）				
	化學性（過氧化物）	YES	食入過多有害健康	1.GHP控管倉儲避光 2.GHP控管先進先出	NO
	生物性（無）				

表1-5　危害分析工作表──紅蘿蔔炒蛋

加工步驟	潛在之安全危害	該潛在危害顯著影響產品安全（YES/NO）	判定左欄之理由	顯著危害之防治措施	本步驟是一重要管制點（YES/NO）
紅蘿蔔驗收	物理性（夾雜異物）	NO	1.購自合格供應廠商 2.砂土會在後續清步驟中清除		
	化學性（農藥殘留）	YES	食入過多有害健康	購自合格供應廠商或提供檢驗報告	NO
	生物性（病原菌污染）	YES	病原菌滋長，可能危害人體健康	後續炒步驟去除	NO
去皮、清洗、切絲	物理性（無）				
	化學性（無）				
	生物性（病原菌滋長）	YES	病原菌滋長，可能危害人體健康	1.清洗時間短暫病原菌不致大量生長 2.後續蒸煮步驟去除	NO
鹽驗收	物理性（無）				
	化學性（無）				
	生物性（無）				

加工步驟	潛在之安全危害	該潛在危害顯著影響產品安全（YES/NO）	判定左欄之理由	顯著危害之防治措施	本步驟是一重要管制點（YES/NO）
室溫儲存	物理性（無）				
	化學性（無）				
	生物性（無）				
蛋驗收	物理性（夾雜物）	NO	購自合格廠商之選洗蛋		NO
	化學性（抗生素等動物用藥）	YES	食入過多有害健康	購自合格廠商或提供檢驗報告	NO
	生物性（病原菌污染）	YES	病原菌滋長，可能危害健康	後續炒步驟去除	NO
冷藏儲存	物理性（無）				
	化學性（無）				
	生物性（病原菌滋長）	YES	病原菌滋長，可能危害健康	1.GHP控管冷藏庫溫度≦7℃ 2.後續炒步驟去除	NO
清洗、打蛋	物理性（無）				
	化學性（無）				
	生物性（病原菌滋長）	YES	病原菌滋長，可能危害健康	1.該步驟時間短暫病原菌不致大量生長 2.後續炒步驟去除	NO
炒	物理性（無）				
	化學性（無）				
	生物性（病原菌殘存）	YES	後續病原滋長，可能危害健康	量測炒蛋中心溫度≧80℃	YES

表1-6 危害分析工作表──紅燒豆干肉丁

加工步驟	潛在之安全危害	該潛在危害顯著影響產品安全（YES/NO）	判定左欄之理由	顯著危害之防治措施	本步驟是一重要管制點（YES/NO）
豆干驗收	物理性（夾雜物）	NO	1.購自合格供應廠商 2.不致危害健康		NO
	化學性（過氧化氫殘留或防腐劑過量）	YES	食入過多有害健康	購自合格供應廠商或提供檢驗報告	NO
	生物性（病原菌污染）	YES	病原菌滋長，可能危害人體健康	後續紅燒步驟去除	NO
冷凍豬肉丁驗收	物理性（無）				
	化學性（抗生素或動物用藥殘留）	YES	食入過多有害健康	購自合格供應廠商或提供檢驗報告	NO
	生物性（病原菌污染）	YES	病原菌滋長，可能危害人體健康	後續紅燒步驟去除	NO
冷凍儲存	物理性（無）				
	化學性（無）				
	生物性（病原菌污染）	YES	病原菌滋長，可能危害人體健康	1.GHP控管冷凍庫≦-18℃ 2.後續滷煮步驟去除	NO
冷藏解凍	物理性（無）				
	化學性（無）				
	生物性（病原菌滋長）	YES	病原菌滋長，可能危害人體健康	1.GHP控管冷藏庫≦7℃ 2.後續滷煮步驟去除	NO

加工步驟	潛在之安全危害	該潛在危害顯著影響產品安全（YES/NO）	判定左欄之理由	顯著危害之防治措施	本步驟是一重要管制點（YES/NO）
八角醬油糖沙拉油驗收	物理性（無）				
	化學性（過氧化物－沙拉油，防腐劑過量－醬油）	YES	食入過多有害健康	購自合格廠商或拱供檢驗報告	NO
	生物性（病原菌孢子缺染－八角）	YES	病原菌孢子萌芽，可能危害人體健康	成品於4小時內食用完畢可避免	NO
室溫儲存	物理性（無）				
	化學性（過氧化物－沙拉油，黴菌毒素－八角）	YES	食入過多有害健康	1.GHP控管倉儲RH≦70%，溫度≦28℃ 2.GHP控管倉儲避光 3.GHP控管先進先出	NO
	生物性（黴菌滋長）	YES	黴菌滋長可能產黃麴毒素，危害人體健康	1.GHP控管倉儲RH≦70%，溫度≦28℃ 2.GHP控管先進先出	NO
紅燒	物理性（無）				
	化學性（無）				
	生物性（病原菌殘存）	YES	加熱溫度不足病原菌殘存，可能危害人體健康	量測成品中心溫度≧80℃	YES

團體膳食管理與製備

表1-7　危害分析工作表——炒青江菜

加工步驟	潛在之安全危害	該潛在危害顯著影響產品安全（YES/NO）	判定左欄之理由	顯著危害之防治措施	本步驟是一重要管制點（YES/NO）
青江菜驗收	物理性（夾雜物）	NO	1.購自合格供應廠商 2.砂土會在後續清洗步驟中清除		NO
	化學性（農藥／金屬殘留）	YES	食入過多有害健康	購自合格供應商或提供檢驗報告	NO
	生物性（病原菌污染）	YES	病原菌滋長，可能危害人體健康	後續炒煮步驟去除	NO
去頭、清洗、切段	物理性（無）				
	化學性（無）				
	生物性（病原菌滋長）	YES	病原菌滋長，可能危害人體健康	1.本步驟時間短暫，病原菌不致大量生長 2.後續炒煮步驟去除	NO
蒜頭驗收	物理性（夾雜物）	NO	1.購自合格供應商 2.砂土、碎皮等不致危害健康		NO
	化學性（無）				
	生物性（病原菌滋長）	YES	病原菌滋長，可能危害人體健康	後續炒煮步驟去除	NO
去皮、清洗	物理性（無）				
	化學性（無）				
	生物性（病原菌滋長）	YES	病原菌滋長，可能危害人體健康	後續炒煮步驟去除	NO

加工步驟	潛在之安全危害	該潛在危害顯著影響產品安全（YES/NO）	判定左欄之理由	顯著危害之防治措施	本步驟是一重要管制點（YES/NO）
沙拉油、鹽驗收	物理性（無）				
	化學性（過氧化物－沙拉油）	YES	食入過多有害健康	1.購自合格供應商 2.GHP控管驗收	NO
	生物性（無）				
室溫儲存	物理性（無）				
	化學性（過氧化物－沙拉油）	YES	食入過多有害健康	1.GHP控管倉儲避光 2.GHP控管倉儲先進先出	NO
	生物性（無）				
炒煮	物理性（無）				
	化學性（無）				
	生物性（病原菌殘存）	YES	加熱溫度不足病原菌殘存，危害人體健康	量測成品中心溫度≧75℃	YES

表1-8　危害分析工作表──冬瓜湯

加工步驟	潛在之安全危害	該潛在危害顯著影響產品安全（YES/NO）	判定左欄之理由	顯著危害之防治措施	本步驟是一重要管制點（YES/NO）
冬瓜驗收	物理性（夾雜物）	NO	1.購自合格供應廠商 2.砂土會在後續清洗步驟中清除		NO
	化學性（農藥/重金屬殘留）	YES	食入過多有害健康	購自合格供應廠商或提供檢驗報告	NO
	生物性（病原菌污染）	YES	病原菌滋長，可能危害人體健康	後續水煮步驟去除	NO

加工步驟	潛在之安全危害	該潛在危害顯著影響產品安全（YES/NO）	判定左欄之理由	顯著危害之防治措施	本步驟是一重要管制點（YES/NO）
去皮、清洗、切片	物理性（無）				
	化學性（無）				
	生物性（病原菌滋長）	YES	病原菌滋長，可能危害人體健康	1.該步驟時間短暫，病原菌不致大量生長 2.後續水煮步驟去除	NO
鹽驗收	物理性（無）				
	化學性（無）				
	生物性（無）				
室溫儲存	物理性（無）				
	化學性（無）				
	生物性（無）				
水煮	物理性（無）				
	化學性（無）				
	生物性（病原菌殘存）	YES	病原菌滋長，可能危害人體健康	量測成品中心溫度 ≧75℃	YES

(二)判定製程中重要的控制（ccp）

　　每一種菜餚食材不同，過程不同，其危害點亦不同。如製作蛋的產品，採買帶殼蛋或液態蛋，其危害控制點就有所不同。

(三)建立控制界限

　　不同食物的安全控制溫度與時間不一，應建立控制之點。

(四)建立矯正措施

　　當控制點失控時應有矯正措施，如煮熱食物要保持在75℃以上，若未能達到，則矯正措施應將保存時間縮短。

(五)建立重要控制點監測方法

　　建立觀察或測試點，以確保重要控制點接受管理。

(六)建立確認方法

　　提供數據，確認HACCP系統正確運作。

(七)建立記錄系統

　　將各種表件做好，建立好紀錄系統，以作為品質控制之依據。

二、HACCP應具備之基本資料

(一)廠商之合約及文件審查

(二)原物料供應商之控制及採購驗收資料

(三)衛生作業標準表

(四)良好製造作業規範

(五)食品業者製造、調配、加工、販賣、儲存、食品添加物之衛生標
　　準。

(六)監視儀器之校正

(七)生產設備之良好衛生管理

(八)良好的教育訓練

(九)完善的病媒管制

(十)良好的作業規範（包括廠區環境、衛生管理、人員衛生、生產控
　　制）

　　依上述應做細部的資料建置，每一點均有一套管理辦法及執行細
節，並確實執行品質管理工作。

三、製程過程管控

　　如團膳公司供應白米飯、烤雞腿、炸秋刀魚、紅燒豆干肉丁、紅蘿
蔔炒蛋、炒青江菜、冬瓜湯，則其製程管控如圖1-1：

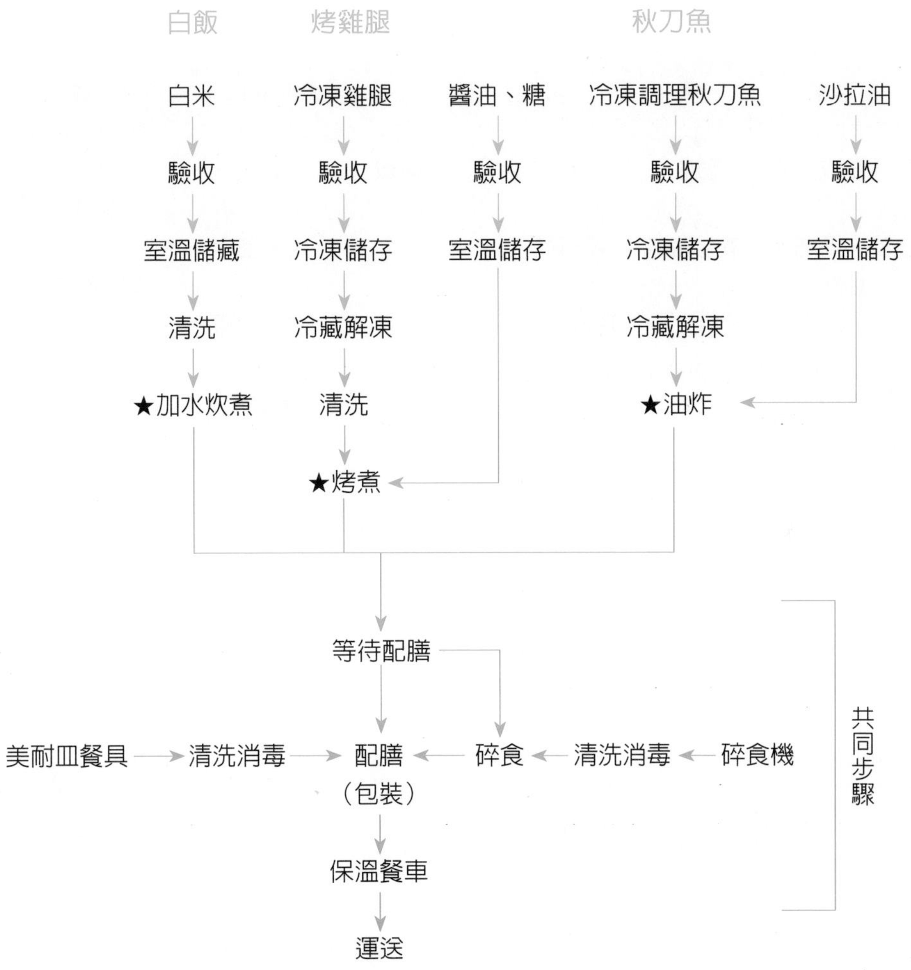

白飯　　　　烤雞腿　　　　　　　　秋刀魚

白米　　　冷凍雞腿　　　醬油、糖　　　冷凍調理秋刀魚　　　沙拉油

↓　　　　　↓　　　　　　↓　　　　　　↓　　　　　　↓

驗收　　　　驗收　　　　　驗收　　　　　驗收　　　　　驗收

↓　　　　　↓　　　　　　↓　　　　　　↓　　　　　　↓

室溫儲藏　　冷凍儲存　　　室溫儲存　　　冷凍儲存　　　室溫儲存

↓　　　　　↓　　　　　　　　　　　　　↓

清洗　　　　冷藏解凍　　　　　　　　　　冷藏解凍

↓　　　　　↓　　　　　　　　　　　　　↓

★加水炊煮　清洗　　　　　　　　　　　　★油炸　←

↓　　　　　↓

　　　　　★烤煮　←

↓　　　　　　　↓

等待配膳　→

↓

美耐皿餐具　→　清洗消毒　→　配膳　←　碎食　←　清洗消毒　←　碎食機　　共同步驟

（包裝）

↓

保溫餐車

↓

運送

★：CCP

圖1-1　HACCP製程管理

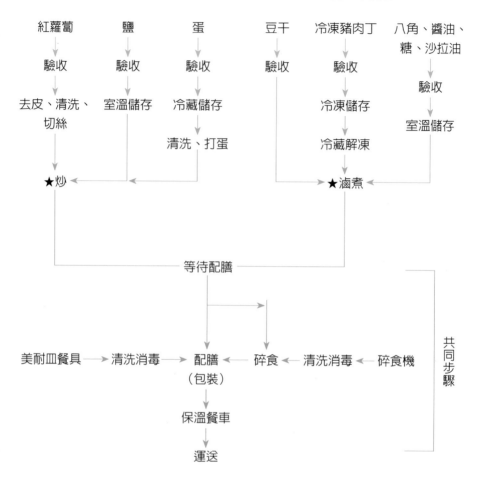

★：CCP

圖1-2　HACCP製程管理

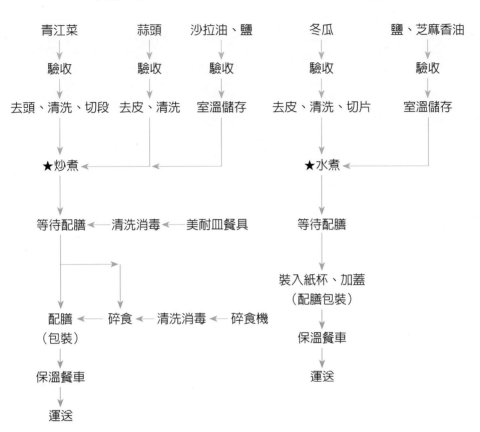

炒青江菜　　　　　　　　　　　　　　冬瓜湯

青江菜　　蒜頭　　沙拉油、鹽　　　　冬瓜　　　鹽、芝麻香油

驗收　　　驗收　　　驗收　　　　　　驗收　　　驗收

去頭、清洗、切段　去皮、清洗　室溫儲存　　去皮、清洗、切片　室溫儲存

★炒煮　←　　　　　　　　　　　　　★水煮　←

等待配膳　←　清洗消毒　←　美耐皿餐具　　　等待配膳

配膳　←　碎食　←　清洗消毒　←　碎食機　　　裝入紙杯、加蓋
（包裝）　　　　　　　　　　　　　　　　　（配膳包裝）

保溫餐車　　　　　　　　　　　　　　　保溫餐車

運送　　　　　　　　　　　　　　　　　運送

★：CCP

圖1-3　HACCP製程管理

第二章

餐飲衛生

餐飲衛生包括環境衛生、建築物衛生、設備衛生、個人衛生和食品衛生。

第一節　環境、建築物、設備與個人衛生

一、環境衛生

餐飲製作場地應在工業區內，四周環境不得有積水、廢棄物或垃圾堆積。

二、建築物衛生

建築物應堅固、耐用，不得有孔洞，以防鼠輩。

(一)地面

地面不得積水，宜用凡亞塑脂將不同清潔區用不同顏色來區分，它的缺點是遇熱水凡亞塑脂會膨脹而脫落。

(二)天花板

天花板上加空氣濾塵器，天花板離地面至少240公分，天花板不得有濕氣以免造成黴菌污染。

(三)排水

排水溝應有防鼠之設計，應做曲徑3公分之設計以防污垢，斜度5/100，以利排水。應有油脂截油槽，每週將上面之浮油撈出，保持乾淨。

(四)給水

應有自來水之水源，水源遠離廁所或污染水源之處，水塔每半年定期清理並加蓋。

三、設備衛生

設備應有適當溫度，乾料庫房5～22℃，冷藏庫0～7℃，冷凍

庫-18℃以下，設備之轉角處宜設計曲徑3公分上圓弧形，防止污垢，且應隨時清理乾淨，不能有污垢。

刀具和砧板宜有不同顏色來切割不同食材，如白色切熟食，紅色切生肉，綠色切蔬果，藍色切海鮮。

四、個人衛生

注意個人服裝儀容及操作之衛生。

(一)服裝儀容

每天應穿戴整齊之衣帽；每日檢查指甲，指甲應剪短且不能有污垢；不能佩戴戒指、手鐲、手錶；男士不得蓄留鬍子；員工不得有皮膚病、膿瘡、外傷。

(二)個人操作習慣

不得吸煙、嚼檳榔，工作中保持衣帽乾淨，如廁後徹底洗手，打噴嚏時要背對食物。

第二節　食品衛生安全

團體膳食管理中衛生管理是最重要的工作，一次食物中毒就會造成團膳公司關門。

新修正的食品衛生法規，加強了罰則，餐飲機構更須加強衛生管理。首先介紹食物中毒。

食物中毒是指兩人或兩人以上攝取相同的食物而發生相似的症狀如頭痛、發燒、嘔吐、腹瀉，並且自可疑的食物檢體及患者糞便、嘔吐物、血液之人體檢體，找出致病原因，如有此情況應迅速送醫急救，保留剩餘食品或患者之嘔吐物或排泄物，盡快通知衛生單位。醫院發現食物中毒病患，應在二十四小時內通知衛生單位。

食物中毒引發的原因分爲三大類，即細菌性食物中毒、天然毒素食物中毒及化學性食物中毒。細菌性食物中毒又分爲感染型與毒素型，天

然毒素食物中毒分為植物性與動物性食物中毒，化學性食物中毒分為重金屬、食品添加物及農藥引發的食物中毒。

臺灣近三十年來食物中毒事件以腸炎弧菌最多，累計件數有1,544件，存在於生鮮海產、魚貝類產品中；其次為金黃色葡萄球菌，有510件，主要由個人手部衛生引起；仙人掌桿菌有356件，主要存在於米飯或澱粉製品中；沙門氏菌有247件，主要存在於新鮮蛋品或乳品中；病原大腸桿菌有110件，主要由於糞便污染食品。

清潔、加熱、冷藏是防範食物中毒之三大原則，冷藏0～7℃，冷凍-18℃以下。臺灣冷藏車有70%溫度過高，60%冷凍櫃溫度過高導致食物儲存溫度不對，食物中細菌滋長。

一、細菌性食物中毒

又分為感染型與毒素型。

(一)感染型

細菌污染了食物，人吃了被細菌污染的食物所引發的中毒事件。

1.沙門氏菌

沙門氏菌分布於人體及動物腸道，因糞便污染常發在蛋殼外面，員工接觸被糞便污染的蛋殼，食物未煮熟，在8～24小時內發生頭痛、噁心、嘔吐、下痢、腹痛，甚而有血便，一般可在1星期內恢復健康。

2.腸炎弧菌

腸炎弧菌喜歡在海水中成長，海水濃度0.5～10%即可繁殖，一般是被砧板、刀具切割海鮮後，接著切割醃漬的小黃瓜、白蘿蔔，醃漬物加鹽正適合腸炎弧菌繁殖。

3.病原性大腸菌

動物排泄物含有此菌，餐廳內養寵物，動物之排泄物污染了食物，潛伏期為12小時，吃後會有頭痛、嘔吐、下痢之現象。

(二)毒素型

細菌污染了食物並產生毒素，人吃了含有毒素的食物所造成的中毒事件。

1.葡萄球菌

人手中有刀傷化膿或員工有咽喉炎、鼻炎可能含有葡萄球菌，污染了食物，在食後3小時發病，會有唾液增加、噁心、嘔吐、腹瀉等病症。

2.肉毒桿菌

罐頭有凸罐，人吃了有問題的罐頭食品，在12～36小時有雙重視力、顏面神經麻痺、噁心、嘔吐、腹瀉等現象。

二、自然毒素引發的食物中毒

分為植物性與動物性的食物中毒。

(一)植物性

最常見的有下列幾種

1. 馬鈴薯：馬鈴薯塊發芽，會產生美茄鹼，吃後會有頭痛、腹痛、腸胃腫脹。
2. 米：米變黃，吃後會有中樞神經受損，肝、腎肥大，排尿有障礙。
3. 毒菇：菇類有毒，誤食後內臟萎縮，噁心、嘔吐、下痢。
4. 毒花：如夜來香、鬱金香、夾竹桃、水仙花、杜鵑花、聖誕紅、馬蹄蓮、海芋、姑婆芋、虞美人、白花曼陀羅、南天竹、含羞草。

(二)動物狀

1. 河豚：海豚卵巢與肝臟含有劇毒，食用30分鐘神經麻痺、脾臟出血死亡。
2. 毒貝：在蓄養貝類之池中有渦鞭毛藻，貝類吸收有毒物質，人吃後會有疲倦、噁心、便祕、頭痛、腹瀉，甚而死亡。

三、化學性食物中毒

分為重金屬、食品添加物及農藥中毒。

(一)重金屬

常因化學工廠排放污水，導致河川或農田污染，河川中的魚蝦或農田之農作物受到污染，人們吃了受污染的食物所導致的食物中毒。

1. 汞：吃多了會有舞蹈症，即腦神經受損、走路說話有問題。
2. 硼砂：會有硼酸症，會有嘔吐、下痢、身體起紅斑。
3. 砷：消化器官障礙，尿少甚至無尿。
4. 銅：吃多了會有噁心、嘔吐、腹痛，並有牙齦、黏膜及皮膚變色之現象。
5. 鉛：人們使用含鉛汽油於機車或汽車，汽油暴露空氣中污染食物，吃多含鉛污染的食物會有心臟肥大、腎萎縮的現象。

(二)食品添加物

食品添加物係為食品著色、調味、防腐、漂白、乳化、增加香味、安定品質、促進發酵、增加稠度、強化營養、防止氧化或其他必要目的，加入或接觸於食品之物質，食品添加物由政府訂定最小量，添加未經中央主管機關許可之添加物處三年以下有期徒刑、拘役或科或併科新台幣八百萬以下之罰金。

(三)農藥

DDT吸食太多會造成顏色知覺障礙、手麻痺，巴拉松會造成頭昏、倦怠、頭痛，有機汞酸劑會有記憶減退、頭痛、失眠；有機氯殺蟲劑會有全身痙攣、意識不清、呼吸困難。

第三節　臺灣近年來的食品安全問題

世界各國如法國、德國、英國、荷蘭、丹麥等先進國家皆將農業與食品部門整合，建立由農場到餐桌一系列的管理制度，綜觀2011～2013

年食品安全的問題有下列幾項：

一、近年來食品安全問題

(一)不合法的食品添加物

為了食品口感好在澱粉中添加了順丁稀二酸，為了飲料外形好在飲料中添加了塑化劑（鄰苯二甲酸二酯，DEHP）使得飲料清澈。糖果加入黃色四號會造成孩子過動；蜜餞添加亞硫酸漂白劑會引起氣喘；香腸添加亞硝酸鹽可能導致胃癌；口香糖添加人工甜味劑會導致苯丙胺酸增加；泡麵、餅乾加入己二稀酸鉀會導致過敏；沙茶加入苯甲酸會造成肝臟負擔；肉鬆加入BHT、BHA抗氧化劑會造成肝病風險。

(二)標示不實

如「胖達人」烘培業標榜使用天然發酵無添加物，卻被驗出添加了9種以上的人工香料及色素，「泉順」食品標示為國產米，實際在臺灣種添加了劣質的越南米。

(三)混合劣質的食材

如「大統」、「富味鄉」公司將棉籽油、芥花油依比例加入銅葉綠素及香料，以高級的橄欖油賣出，讓民眾無法辨識油的品質。

表2-1 食品衛生與安全近年來重大食品事件

一、守宮木減肥菜事件

在1995年6月，全台數百人吃守宮木導致心律不整死亡，加強民眾不可亂吃不明植物。

二、戴奧辛事件

2003年，彰化縣線西鄉因養鴨場附近受到工業污染，導致土壤、空氣、植物、水受到戴奧辛污染，鴨蛋有高濃度戴奧辛，大批鴨子被撲殺。

三、美國牛肉進口

2003年美國發現狂牛症，臺灣禁止美國肉品，2005年有條件開放美國牛肉進口，2005年6月美國再度發生狂牛症，再度禁止美國牛肉進口，至2006年再開放美國去骨牛肉進口，至2009年再開放帶骨牛肉進口。

四、大陸大閘蟹

2006年，嚴禁旅客攜帶大陸大閘蟹進口，因查出大陸大閘蟹含禁用動物用藥硝基呋喃。

五、豬肉瘦肉精

2006年，萊克多巴胺（瘦肉精）事件，衛生署明訂殘留量。

六、三聚氰胺毒奶事件

2008年，大陸「三鹿」奶粉廠在嬰兒奶粉中蓄意添加三聚氰胺，提高奶粉中蛋白質之含量，臺灣亦輸入1千包產品，於11月4日與大陸簽訂海峽兩岸食品安全協議。

七、肉毒桿菌中毒

2010年，發生真空包裝黃豆干8起11例肉毒桿菌中毒，造成1名死亡，才擬定真空包裝即食食品查驗登記。

八、起雲劑事件

2011年，發現益生菌粉末含有塑化劑，確認「昱伸」香料公司將塑化劑添加於起雲劑，修正食品衛生管理法，加重罰責。

九、牛肉萊克多巴胺

2012年，美國牛肉含萊克多巴胺殘留，衛福部明訂牛肉中萊克多巴胺殘留標準。

十、順丁烯二酸澱粉

2013年，業者在澱粉中（包括玉米粉、太白粉、麵粉）添加順丁烯二酸，食衛署掌握廠家並追溯來源，訂立相關罰則。

十一、油品混交及違法添加銅葉綠素事件

2013年，「大統」橄欖油經混油並違法添加銅葉綠素，食藥署開發鑑別食用油銅葉綠素檢驗方法，因銅葉綠素經高溫加熱後會釋出銅，加速油脂氧化，造成肝腎負擔。

十二、「頂新」使用餿水油、回鍋油事件

2014年9月，「味全頂新」廠油中混入餿水油、回鍋油，此類油脂含有苯駢芘（benzopyrene）、黃麴毒素、氧化性膽固醇；重金屬會造成人體危害。

十三、豆腐製品使用二甲基黃染色

2014年，德昌豆干被披露使用工業用染料二甲基黃做染色劑，會導致肝腎壞死，政府修法提高罰責。

十四、禽流感

2015年，禽流感，血凝素（H）有16個亞型，神經氨酸酶（N）有9個亞型，禽流感導致家禽食量及產蛋量下降，甚而死亡，人吃了未煮熟的家禽致病，臺灣撲殺鴨鵝1.5萬隻。

表2-2 2011～2013臺灣食品安全問題

商品類別	油	麵包	山水米	澱粉	飲品
廠商名稱	大統 富味鄉 福懋	胖達人手感烘焙店	泉順食品公司	泰昇公司	昱伸香料公司 臺灣比菲多 鮮茶道
發生時間	2013.10	2013.08	2013.08	2013.05	2011.05
添加物	利用基因改造過後的棉籽油及芥花油依一定比例調和並加入銅葉綠素及香料調色： 銅葉綠素是一種食品著色劑： 雖說是合法的人工著色劑，但是我國食品藥物管理局保護國人健康在容許添加銅葉綠素（鈉）添加於食品上，是採取正面表列的核准使用方式，並且註明每一種容許添加項目的添加範圍或上限濃度，例如：口香糖、泡泡糖容許添加的上限濃度是0.04g/Kg以下，膠囊狀或錠狀食品則為0.5g/Kg以下。之所以如此規定是基於銅葉綠素或銅葉綠素鈉在烹調的過程中會解離出其中的銅離子，雖然其解離的量極其微量，然而在在食用品中是不能添加銅葉綠素的，理由是食用油品所呈現的綠色應是植物提煉過程中所產生，且油品的顏色能代表油品品質好壞，若添加銅葉綠素去改變原本油品的顏色，會讓民眾無法辨別油品品質，因此法規是不允許添加的。	標榜天然發酵無添加、卻被驗出添加9種以上人工香料及色素	一粒臺灣米都沒有，標示屬國家標準三等米，實為最劣的越南米	廠商在販售的澱粉類原料中非法摻入順丁烯二酸酐。順丁烯二酸是工業的黏著劑、樹脂原料、殺蟲劑之穩定劑、及潤滑油之保存劑。順丁烯二酸是美國食品藥物管理局明令不得添加於食品中。	以塑化劑（如DEHP鄰苯二甲酸二酯）取代棕櫚油製成的起雲劑

表2-2 2011～2013臺灣食品安全問題（續）

商品類別	油	麵包	山水米	澱粉	飲品
對人體之危害	大量暴露、長期累積銅葉綠素者，輕者嘔心、嘔吐；嚴重者，一旦變成銅中毒，還可能導致肝功能受損，且會引發溶血反應、貧血等	食用過多的人工色素及香料容易誘發肝臟發炎及眾多過敏反應	米的品質、成長環境並沒有良好的資訊保障，越南米恐含有溶葉劑及許多重金屬成分，可能危害人體	順丁烯二酸有致癌性、基因遺傳毒性、致畸胎性。可能有生殖毒性	DEHP為環境荷爾蒙的一種，對胎兒和新生兒影響最大，會影響幼兒的生理表現
廠商後續處理	產品立即全面下架，並從寬接受消費者退貨，且依法繳出所有非法之所得	全面開放並從寬認定發票退費機制加上相關禮卷補救	山水執行長蔡寵信回應「是生產線裝桶是錯」，強調是疏失而非故意。政府公布後才承認錯誤	上游廠商回收所有產品並銷毀，下游廠商在販售時公告符合政府原料來源及自行檢驗報告	廠商多為自行將產品送驗，並聲稱絕對符合政府標準，並提供出貨廠商願負法律責任的擔保
政府相關處理	要求商簽屬保證書，並加派人員對於油品的稽查及檢驗，同時公布檢驗出非法添加物之問題廠商	違反《食品衛生管理法》第28及45條之規定，從重處18萬元罰鍰，並要求立即撤除違規廣告	農糧署完全不給山水米限期改善的時間，就察出史上最高20萬元的重罰並撤銷糧商登記證，並加強市售食用米的抽驗	政府在此事件中表現很不積極，甚至有「隱匿案情、拖延辦理、包庇廠商」之嫌	5大類食品（運動飲料、果汁飲料、茶飲料、果醬、果漿錠狀或果凍、膠囊錠狀之型態）若未能提出安全證明者將禁止販售

表2-2　2011～2013臺灣食品安全問題（續）

商品類別	油	麵包	山水米	澱粉	飲品
法律相關規定	我國現行的食品衛生相關法規完全禁止食用油添加銅葉綠素，並要求依規定標示	食管法23條：市售食品所含香料成分得以「香料」標示之，如該成分屬天然香料者，得以「天然香料」標示之	市場販售之糧食，其包裝或容器上，應以中文及通用符號明確標示品名、產地、規格、重量、碾製日期、保存期限、電話號碼名稱、廠商及地址；其標示方法及其他應遵行事項之辦法，由主管機關定之	臺灣並未強制規範標示商品內容物種類，而核准合法化製澱粉多達21種，市面上的商品多僅標示為「食用化製澱粉」、「修飾澱粉」，或是根本未標示	食品衛生管理法第十四條規定，未經查驗單位許可，不得任意添加

二、食品安全問題引發的問題

(一)讓社會動盪不安

食品安全問題讓民眾不知如何選擇食材,社會動盪不安。

(二)民眾身體健康出現危機

民眾的肝、腎造成重大危害,有的添加物如順丁烯二酸有致癌性、基因遺傳毒性、畸型胎,塑化劑會造成對胎兒與新生兒有影響。

三、食品安全問題的解決方法

(一)政府

1. 應擬定嚴謹的食品衛生安全法,並對食品添加物的量做標準化的規定,讓業者有所遵行。
2. 增加食品安全衛生管理與稽核人力。
3. 與全臺灣地區食品系、營養系、餐飲系學系配合,組成食品安全糾察人力,督導臺灣食品安全。
4. 成立有公信力的檢驗單位。

(二)業者

1. 應嚴守對社會的責任

企業對社會的責任應具備經濟責任、法律責任、倫理責任及慈善責任。

(1)經濟責任:企業為一個生產組織,為社會提供合理價格的產品與服務,滿足社會的需要。

(2)法律責任:公司若要在社會上經營,應遵守法律。

(3)倫理責任:社會對公司應有倫理要求,包括對消費者、員工、社區相關的權利。

(4)慈善責任:企業參與慈善公益可提升公司的形象。

2. 應具重職業倫理

職業倫理是在工作中被規範,屬於道德的部分,如工作態度與同

事相處的文化或是在職場中所應有的誠信原則。

3. 遇到危機時企業的行銷

　　(1)強調品牌形象，產品重新包裝標示。

　　(2)縮小食品供應鏈，加強系統支援。

　　(3)落實在地產銷，結合當地資源。

　　(4)建置生產鏈追蹤系統，以利品質管控。

　　(5)提升檢驗技術，配置第三方公正人士進行品質監控。

4. 對犯錯廠家

　　(1)應建立良好退貨機制，回收產品並下架。

　　(2)向社會大眾公開道歉，並設立保護基金。

　　(3)請學者專家為公正單位，正式檢驗產品。

四、食品及其相關產品追溯追蹤系統管理辦法在2013年11月19日衛生福利部訂立此法，採購食品後應建立追蹤系統

(一)產品資訊

　　1. 產品名稱。

　　2. 主副原料。

　　3. 食品添加物。

　　4. 包裝容器。

　　5. 儲運條件。

　　6. 製造廠商。

　　7. 國內負責廠商。

　　8. 淨重、容量、數量、度量。

　　9. 有效日期或製造日期。

(二)供應商資訊

　　1. 出口廠商、製造（屠宰）廠商（商號、公司名稱或代號、地址、聯絡人、聯絡電話）。

2. 產品名稱。

3. 淨重、容量、數量或度量。

4. 批號。

5. 有效日期或製造日期。

6. 收貨日期。

7. 中央主管機關公告應標示原料原產地之產品，須留存原料原產地之資訊。

第四節　團膳機構衛生管理自主檢查

由行政院衛福部公布團體膳食機構應自主做衛生管理，衛生檢查表如下：（如表2-3）

表2-3　供應團體膳食衛生管理自行檢查表

年　　月　　日

檢查項目	良好	尚可	不良	說明
一、工作人員上工前	1. 是否著整齊淺色的工作衣、帽及鞋			
	2. 手部是否有徹底洗淨，且不得蓄留指甲、塗指甲油及佩戴飾物等			
	3. 應每年至少接受健康檢查乙次，如患有出疹、膿瘡、外傷、結核病、腸道傳染病等可能造成食品污染之疾病，不得從事與食品有關之工作；新進員工應先體檢合格後方可從事工作			
	4. 進出廚房的門應有防治病媒設施，且須保持關閉狀態			
二、工作中人員個人衛生	1. 工作中不可有吸煙、嚼檳榔、飲食等可能污染食品之行為			
	2. 工作中不可有蓄意長時間聊天、唱歌等可能污染食品之行為			
	3. 每做下一個動作前，應將手部徹底洗淨			
	4. 如廁後是否有將手洗淨			

檢查項目	良好	尚可	不良	說明
	5.廚房內的訪客是否有適當的管理			
	6.非工作時間內,不得在廚房內滯留或休息			
	7.工作衣、帽是否有保持清潔			
	8.是否有以衣袖擦汗、衣褲擦手等不良的行為			
	9.打噴嚏時,有否以衛生紙巾掩捫,並背對著食物			
	10.手指不可觸及餐具之內緣或飲食物			
三、食物前處理	1.購買回來之食品,應放置架上且盡速處理,不可堆置			
	2.蔬菜、水產品、畜產品等應分開洗滌,以避免污染			
	3.洗滌槽內的水應低於水龍頭的高度,以避免水倒流而污染水源			
	4.洗後之食物應瀝乾後再送往調理加工場所			
	5.蔬菜之洗滌應以清潔的水浸洗後,再以流動之自來水沖洗即可將蔬菜洗淨,不可使用清潔劑來浸洗,以避免清潔劑殘留於蔬菜中			
四、調理加工衛生	1.地板應經常保持乾燥、清潔			
	2.應有空氣補足調節設施			
	3.牆壁、支柱、天花板、燈飾、紗門應經常保持清潔			
	4.應至少有二套以上之刀及砧板,以切割生、熟,且生、熟食必須分開處理			
	5.食物應在工作檯面或置物架上,不得直接放置地面			
	6.食物調理檯面應以不鏽鋼材質鋪設			
	7.切割不再加熱即食品及水果,必須使用塑膠砧板;處理必須經加熱再行食用之食品,若使用木質者,應定期刨除砧板之上層,以避免病原菌滋生			
	8.排油煙罩之設計應依爐灶之耗熱量為基準,且高度應適中,並有足夠能力排出所有油煙及熱氣			
	9.排油煙罩應每日擦洗,且貯油槽內不可貯油,以避免污染食品,並防止危險事故			

檢查項目	良好	尚可	不良	說明
	10.冷藏溫度應在7℃以下，冷凍溫度應在-18℃以下，熱藏溫度應在60℃以上，且食物應加蓋或包裝妥為分類儲存			
	11.調理場所之照明應在二百燭光以上並有燈罩保護，以避免污染			
	12.烹飪妥之食物應盡速供食用。如須冷藏者應先將食物分置數個不同的小容器內，並盡速移至冷藏室內儲存			
	13.食物之調理必須確實完全熟透，避免外表已熟，但內部未熟之現象			
	14.不得供應生魚片等未加熱處理之水產品			
	15.供應餐盒之食品，應選用水分較少，不易變質、調味上帶有酸味且製作時容易控制成品衛生狀況之菜餚，保存時間夏天不超過二個小時，冬天不超過三個小時為原則			
五、用膳衛生	1.不可聞到調理加工之烹調味道，以避免油煙污染餐廳			
	2.配膳檯應設有防止點菜者飛沫污染之設施			
	3.配膳檯應保持整齊、清潔，熱保溫之充填水應每餐更換；非供膳時間槽內應保持乾燥、清潔			
	4.用膳場所之桌面及地板應經常保持清潔			
	5.應使用衛生筷及採用公筷母匙，並供應衛生紙			
	6.配膳人員除應著整齊工作衣、帽外，並應著口罩			
	7.應設置供消費者洗手之設施			
	8.有缺口或裂縫之餐具，不的盛放食品供人食用			
	9.用膳場所應有足夠照明			
	10.潔淨待用之餐具應有適當容器裝盛			
六、餐具洗滌	1.應具有三槽式洗滌設備或自動洗滌機			
	2.應具有熱水供應系統			
	3.餐具洗滌應使用食品用之清潔劑，並有良好之標示，且不得以洗衣粉洗滌			

檢查 項目	良好	尚 可	不 良	說 明
	4.使用自動洗滌機者，應有溫度指示計，清潔劑偵測器等裝置			
	5.自動洗滌機每餐使用後，應用加壓噴槍洗內部，並於清洗後打開槽蓋乾燥			
	6.餐具洗滌後應有固定放置保存設施及場所			
	7.調理用具洗滌後應歸回原置放處			
七、 食物 選購 與儲 存	1.國產罐頭食品，應有衛生署登記號碼，始可購用			
	2.所有包裝食品，應包裝標示完全，而且在保存期限內使用完畢，並且以選用CAS優良肉品、優良冷凍食品及GMP食品為原則，確保品質與衛生			
	3.生鮮肉品，應採購經屠宰衛生檢查合格之肉品			
	4.選購之食品，以不具有色素為原則，以避免違法使用色素之食品。如酸菜、豆腐、鹹魚、黃豆干等應選購無含色素之產品			
	5.原料、物料之使用，應依先進先出之原則，避免混雜使用			
	6.倉庫應設置棧板、原物料應分類置放，並應防止病媒之污染且定期清掃			
	7.應備有食品簡易檢查設備乙套，以供隨時做採購食品之檢驗用			
八、 其他	1.水源應以自來水為最佳。凡使用地下水為水源者，應經淨水或消毒，並經檢驗合格始可使用			
	2.廁所應與調理加工場所隔離，且應採用沖水式以保持清潔，並有漏液式清潔劑及烘乾等設備，並標示「如廁後應洗手」以提醒員工將手洗淨			
	3.廚房及餐廳不得有病媒存在，必要時應請專業消毒公司定期消毒			
	4.凡不須加熱而立即可食之食品應取樣乙份，以保鮮膜包好，置於5℃以下保存二天以上備驗			
	5.工作場所及倉庫不得住宿及飼養牲畜			

檢查項目	良好	尚可	不良	說明
	6.應指定專門人員,負責衛生管理及督導之工作。必要時,應加以公布,以提醒員工			
備註	1.請於說明欄摘註備忘事項,以供主管參考及改善之需 2.本表如有不適當之處,得隨時自行修改,以符合實際需要 3.本表係由行政院衛生署提供,供做供應團體膳食衛生管理自我檢查用請確實執行,以提高貴單位食品之衛生水準,減少疾病發生,確保人員健康			
附記	1.三槽式餐具洗滌殺菌方法如下: 　(1)刮除餐具上殘留食物,並用水沖去黏於餐具上之食物 　(2)用溶有清潔劑之水擦洗,此時水溫以40~45℃溫更佳(第一槽式) 　(3)用流水沖淨(第二槽式) 　(4)有效殺菌(第三槽式) 　(5)烘乾或放在清潔衛生之處瀝乾(不可用抹布擦乾) 　(6)用清潔劑及水徹底洗淨各洗滌殺菌槽 2.有效殺菌方法,係指採用下列方法之一殺菌者而言: 　(1)煮沸殺菌法:溫度攝氏100℃時間5分鐘以上(毛巾、抹布等),1分鐘以上(餐具) 　(2)蒸氣殺菌法:溫度攝氏100℃時間10分鐘以上(毛巾、抹布等),2分鐘以上(餐具) 　(3)熱水殺菌法:溫度攝氏80℃以上,時間2分鐘以上(餐具) 　(4)氯液殺菌法:氯液之餘氯量不得低於百萬分之二百,浸入溶液中時間2分鐘以上(餐具) 　(5)乾熱殺菌法:溫度攝氏85℃以上,時間30分鐘以上(餐具)			
備註				

主管:　　　　　　食品衛生負責人:　　　　　　檢查員:

一、廚工工作時如何避免交叉污染

廚工工作時交叉污染之防備如下：

(一)廠房應依清潔程度分區

廠房應分為清潔作業區、準清潔作業區、一般作業區及非食品作業區，並於作業時間內做好人員及原料的動向管制，才可避免交叉污染。

(二)管制各作業區的抹布與衣帽

將不同作業區所使用的抹布與工作員工的衣帽顏色區分，不同作業區使用不同的抹布與衣帽可區分員工所在的工作環境，各在使用過的抹布丟入各區的抹布收集桶。

(三)區分砧板與刀具之色澤

熟食（用白色砧板，刀具把手用白色膠布）、海鮮（用藍色砧板，刀具把手用藍色），蔬菜（用綠色砧板，刀具把手用綠色），豆製品（用黃色砧板，刀具把手用黃色）。

(四)庫房管理

生熟食品分開放置，熟食宜放在上方，生食放下方，處理過的食品放冷凍（藏庫）須完全覆蓋並標示存放時間，未經拆箱處理的原物料及包裝材料不得進入準清潔區與清潔區。

(五)盛裝容器

生食採用鋁製或塑膠材質之容器，熟食採用不鏽鋼器具。

容器清洗後，存放於器具架上避免遭受污染。

(六)行走路線

員工或來參訪者應由清潔區進入準清潔區及一般作業區，不得逆向而行，以免造成交叉污染。

第五節 病媒防治

餐飲場所為提供客人用餐的地方，不容許有病原菌存在，然而餐飲

場所卻因有豐富的食物，最容易孳生蟑螂、蒼蠅、老鼠，這些病媒容易傳播消化系統的傳染疾病，餐飲料理如被客人發現有蟑螂或鼠糞污染，有礙觀瞻，將引發顧客索賠，因此須加強病媒防治之工作。

一、蟑螂

(一)蟑螂入侵

蟑螂卵鞘隱藏於送貨的瓦楞紙，夾雜於罐頭的凹槽，夾雜於包裝食品攜帶入室內，或藉由排水孔洞進入，廚房的角鋼架是蟑螂孳生的溫床。

(二)蟑螂的習性

蟑螂有75%時間隱藏於潮濕棲息處，25%外出覓食，雄蟑螂外出覓食的機率較雌蟑螂為高，大約高出三分之一，若能殺死更多雌蟑對蟑螂的防治更有效。

(三)蟑螂的防治

1. 使用毒餌（餌膠）應點在蟑螂棲息的裂縫內，少量多布點如下水道、垃圾堆、廚餘桶、倉庫、天花板、牆壁裂縫，員工休息室之衣物櫃，推車、客房、備餐室。

2. 不適合噴灑之處

   高溫爐灶旁，未粉刷的水泥牆，經常沖水的地方、殺蟲劑噴灑過的地方。

3. 將食物收好

   不給牠吃，食物不論新鮮或廚餘應收乾淨，切忌將廚餘留於地下排水道以致吸引許多蟑螂。

二、蒼蠅

(一)蒼蠅的種類

有家蠅、果蠅、綠頭蒼蠅，蒼蠅足部的剛毛及口部的嘔吐點會傳播消化系統傳染病的病原體。

（二）蒼蠅入侵

常因食物暴露，引發氣味蒼蠅即入侵。

（三）蒼蠅防治

  1.餐廳、廚房入口處加裝空氣簾或暗走道可防止蒼蠅入侵

  2.垃圾、廚餘妥善包裝，速放入密封垃圾筒，並速清除。

  3.利用捕蠅紙或誘蟲燈來捕蠅

三、老鼠

（一）老鼠的種類

老鼠有溝鼠、屋頂鼠、小月鼠、錢鼠

（二）老鼠的習性

老鼠近視又色盲，以兩側觸鬚摸索，尾巴具平衡作用，聽覺敏銳、門牙不斷生長，喜啃咬門窗、天花板、牆壁、電線、器物，由鼠糞、鼠尿、鼠咬痕可查看老鼠的蹤跡。

（三）老鼠的防治

  1.斷絕鼠糧：不給牠吃，將廚房之食物及廚餘收拾乾淨。

  2.封閉鼠道：封閉有孔洞之處，如排水管之口，不能有裂縫或孔洞，下水道要每日清洗不能有食物殘渣。

  3.使用超音波驅鼠器。

  4.使用毒餌或黏鼠板：將毒餌沿著牆角擺置或放置黏鼠板，黏鼠板中央要放誘餌，否則老鼠不會上鉤。

  5.每日保持環境衛生：收拾好食物、垃圾，並將回收的食物密封。

第六節　致癌物質

一、致癌物質之分級

世界衛生組織將致癌物分為四類：

(一)一類致癌物

對人體有明確致癌性之物質，如檳榔、甲醛、黃麴毒素，砒霜、六價鉻、石棉等。

(二)二類致癌物

在動物研究中發現致癌現象，人體可能有致癌現象，如丙烯醯胺、氯黴素。

(三)三類致癌物

在動物致癌性與人體致癌性不明確，如苯胺、咖啡因、糖精、三聚氰胺。

(四)四類致癌物

缺乏充足證據，對人體可能沒有致癌性物質，如己內醯胺。

二、致癌成分

(一)丙烯醯胺（acrylamide）

近年來食品學家的研究發現在咖啡、油條、洋芋片、泡麵、油炸物、烤燒的餅乾中含有丙烯醯胺，它依不同的食品品種、種植地區、採收季節而有不同。

常見的食品如果糖與天門多醯胺（asparagine）在120℃以上因梅納反應會形成丙烯醯胺；當油炸溫度超過120℃會產生大量的丙烯胺，降低油炸溫度會減少其生成；降低水分亦可減少其生成；還原糖的熔點越高亦可降低丙稀醯胺之生成。

當人們吃入含丙烯醯胺的食物越多導致癌症機率越高，會引起神經傷害，引起麻痺、手腳軟弱。

(二)二甲基黃（dimethyl yellow，又稱爲butter yellow）

2014年12月，臺灣「德昌」黑胡椒豆干在香港被檢驗出含有違法色素二甲基黃，查出廠家「芊鑫實業社」豆製品乳化劑未登錄油脂黃粉，而使用二甲基黃，其分子式爲$C_2H_4N_4O_2$，它爲油溶性的工業染劑，一般用於染紙張、油漆、毛皮，不能用於食品，吃了會傷肝臟

並有致癌危險。

(三)3-單氯丙二醇（3-MCPD）

人們用鹽酸分解植物性蛋白如玉米蛋白、黃豆餅、菜籽油時，會產生3-MCPD之水解物質，它為氯離子與甘油脂、單乙醯甘油脂加熱所產生的物質，衛福部之使用量在0.4ppm以下，可用於醬油為主調製成的調味製品如醬油膏、蠔油膏，不宜超量，否則會致癌。

(四)羥甲基糠醛（hydroxymethylgurgural）

1912年，Maillard發現當食品的胺基酸與醣結合後會有黑色物質出現，亦會有不同的氣味發生，即羥甲基糠醛，它的分子式為$C_6H_6O_3$，它是食品加熱處理過程由焦糖水解產生的，主要在蜂蜜、咖啡、果汁、嬰兒食品、酒精性飲料、番茄醬、食用醋，食用量不宜太多。

(五)多環芳香族碳氫化合物（polycyclic aromatic hydrocarbon）

人生活中使用天然氣、木材、煤碳、石油等物質作為燃料，燃料經過燃燒後產生兩個芳香族環狀結構，污染空氣、土壤、水及食物，食品經加熱、脫水、燒烤而接受多環芳香族碳氣化合物之污染，人吃了食物或暴露在含此物質的大氣中會致癌。

(六)4-甲基咪唑（4-methylimidazole）

1972年，由美國人將糖加熱成焦糖作為食品著色劑，衛生福利部於2013年訂定焦糖色素的使用範圍及限量規格。焦糖色素$C_4H_6N_2$是一種結晶固體，其熔點為46～48℃，沸點為263℃，它是由食物中的糖與胺基酸作用的產物，它常存在於烤燒的食物、烤肉、醬油、調味料、啤酒、可樂、可可、巧克力、咖啡中，食入後可經由尿排出，食用太多會積存體內致癌。

(七)呋喃（furau）

呋喃存於熔炒過的咖啡粉、即溶咖啡粉、現煮咖啡粉，瓶裝嬰兒副食品、醬油魚罐頭、烤燒過的豆子，主要由碳水化合物形成的熱分解，或由胺基酸中的絲胺酸與胱胺酸，形成乙醛及乙醇醛，經脫

水作用所形成的物質。不飽和脂肪酸如亞麻油酸與次亞麻油酸經118℃30分鐘加熱亦會形成呋喃。50%的呋喃由葡萄糖產生，30%的呋喃由絲胺酸分解產生。

人們食入呋喃很快就被小腸及肺部吸收，進入肝、腎、大腸、小腸、胃及血液，量多由胃進入循環系統，長期大量食用易致癌。

第七節　餿水油

一、來源

㈠廢棄或劣質豬肉、豬內臟、豬加工後提煉出來的油。

㈡餐飲場所由截油槽上層取出。

㈢將剩菜、剩飯冷藏、取上層飽和脂肪酸，再經加工、提煉出的油。

二、製程

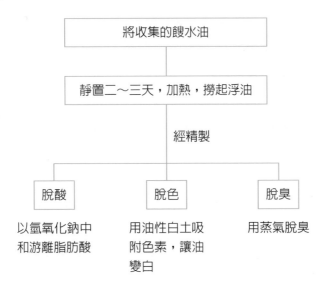

圖2-1　餿水油製造過程

餿水油是劣質油，必須回收銷毀，行政院強化食品安全有三項措施：加重刑責罰則、提高檢舉獎金及成立檢舉專線。

四、壞油之檢驗

(一)酸價

油的酸價越低，油的品質越好，酸價越高，油品質越壞。

(二)總極性物質

即醛酮、酸等物質，越高油的品質越差。

(三)苯駢芘

即食用油中多環芳香物質，經油炸會產生，過多會致癌。

五、油脂檢驗

油脂安全性之檢驗應有下列項目：

(一)重金屬

油脂在油炸不良環境及設備下，可能造成重金屬污染，油脂檢驗應檢驗重金屬銅最大容許量0.4ppm，汞0.05ppm，砷0.1ppm，鉛0.1ppm，芥酸在食品中油脂含量之5%，2015年以後食安出現問題又增加砷、錫、鉻。

(二)黃麴毒素

黃麴毒素不溶於油脂，因此在油中自然不易被檢驗出來。

(三)酸價

油脂酸敗後，游離脂肪酸會增加，酸價會提高，有些廠商將它加鹼（如氫氧化鈉）進行皂化就可降低酸價，即可檢驗通過。

(四)苯駢花

它為一級致癌物，主要由天然氣、木材燃燒產生，可溶於醇類，餿水油中幾乎不含。

(五)總極性物質

即游離脂肪酸，三酸甘油聚合物，油脂氧化產物，可透過鹼化去

除，很難驗出來。

六、餿水油宜再檢驗下列項目

(一)丙烯醯胺

回收油如炸馬鈴薯或肉類常因高溫油炸會有多餘的丙烯醯胺，它為
2A級可能致癌物。

(二)3-單氯丙二醇

因油炸肉類中肉的醃料，調味料經高溫油炸會產生此物質。

第三章

團體膳食菜單設計

菜單是餐飲業者告訴消費者要銷售的東西，為餐飲業十分重要的一部分，它是餐廳經營的方針，餐廳產品的宣傳，也是與顧客訊息交流的工具。

以營利性為目的的團體膳食所要販賣的食物需要朝著精緻化的路線，非以營利為目的團體膳食顧客的要求較不高，餐食的製備常以簡單化為訴求。

第一節　菜單設計的目標

一、菜單設計之目標能讓消費者再度光臨，菜單為行銷工具讓消費者得到訊息，知道賣什麼，願意再度光臨。

二、能算出精確的份量，由菜單知道供應食材算出供應量。

三、品質控制一個餐廳有一定的品質，每一道菜有其標準。

四、成本控制每道菜有其成本預算，並掌控好售價。

第二節　菜單設計考慮因素

團體膳食菜單設計時應考慮下列因素：

一、供應對象的營養需求

團體膳食供應份數多，影響多數人的健康，其營養控制更重要，餐食的供應每一種年齡層的人需求不一樣，如表3-1：

表3-1　不同生命週期團膳機構營養需求

生命週期	團膳機構	每人熱量需求（仟卡）	蛋白質（值）	設計原則
幼兒期（3～6歲）	幼稚園	男1,450～1,650女1,300～1,450	30	1.熱量分配蛋白質與熱量10～15%脂肪與熱量25～30%醣類與熱量55～65%

生命週期	團膳機構	每人熱量需求（仟卡）	蛋白質（值）	設計原則
				2.每日供應方式為三餐加二次點心，幼稚園則為中餐加二次點心，與每日熱量供應50%
學齡期（7～12歲）	國小、國中	男1,800～2,050 女1,550～1,750	40～50	1.熱量分配 蛋白質與熱量10～15% 脂肪與熱量25～30% 醣與熱量55～65% 2.每日供應三餐，其中營養午餐供應中餐，與熱量35%
青春期（13～19歲）	高中	男2,050～3,050 女1,650～2,400	65～70 55～60	1.熱量分配 蛋白質與熱量10～15% 脂肪與熱量25～30% 醣與熱量55～65% 2.每日供應三餐 其中營養午餐供應中餐與熱量35%
中年期（35～50歲）	公司或工廠膳食	男1,850～2,750 女1,550～2,300	48～60	1.熱量分配 蛋白質與熱量10～15% 脂肪與熱量25～30% 醣與熱量55～65% 2.每日供應三餐或二餐
老年期（70歲以上）	老人飲食	男1,650～2,150 女1,450～1,900	50～60	1.熱量分配 蛋白質10～15% 脂肪20～25% 醣60～70% 2.每日供應三餐

二、供應對象的飲食習性

　　供應對象由於生活於不同的地區其物產與幼兒期的生活習性不同，

造就了一個人不同的飲食習性，在設計菜單時應朝著供應對象的飲食習慣做調整。在臺灣吃素的人口逐漸增加，素食的設計重要性也增加了。南部與北部對於食物的口味也有不同，如南部的菜單到北部來也需做調整，南部口味較甜，北部偏鹹。

三、宗教信仰

不同宗教有飲食的禁忌，純素者不吃葷食，連炒菜用的鍋具也有所要求，道教、天主教則葷素均可，印度教則不吃牛肉。

四、餐食的供應型態

不同的供應型態菜單的設計有很大不同

(一)吃到飽

此種方式是餐食準備好，由顧客先付錢吃到飽的供應方式，菜單樣式變化多，可將當時盛產的菜做變化，菜單設計較不受限制。但此種方式要教育消費者，不宜飲食過量，會造成身體健康出現問題。

(二)自助餐

由顧客自己取餐，到櫃臺付錢，此種供應方式菜單種類受限，視客人喜好設計，有的用秤重來計價，有的由業者經目視看菜色來計價，常發生糾紛。

(三)桌菜服務

此種方式是由客人坐在餐桌旁，由服務人員來服務的供應方式，有中式、日式、美式、歐式，菜單設計要符合不同國家的風格，中式包括前菜4種、大菜6種、點心2種。

(四)櫃臺服務

顧客坐在櫃臺外，由供餐者來供應，臺灣流行的鐵板燒或日式的牛丼，由於座位有限，供餐速度快，菜單數目不宜太多。

(五)小吃攤服務

顧客付現金後取食，站著或坐著吃，菜單一至二種，較有特色。

(六)外賣服務

由顧客打電話或到現場取貨，此種菜單以易於攜帶為主。

五、市場上食物的供需情況

做菜單設計時一定要了解食物的供需情況，才知道食物的價格，如豬隻得了口蹄疫，豬肉價格上漲，消費者如果不了解，就會抱怨餐食太貴。

用當地、當季的食物來設計菜單最好，因為既便宜又好吃。

六、國際性的食物

WTO之後國際性的農產品交流，大農業國生產的物產銷到小農業國，使得物價格下降。

七、成本控制

應做好成本控制，將預計總收入當100%，食物成本百分比做好預估，營利性機構店占25～35%，非營利性機構占50～60%，如學校午餐食物成本占50～60%，其中乾料占10～12%，真正可買新鮮的食材占成本的40-48%。

八、設備與用具

菜單設計時應考慮有沒有要使用的設備與用具，否則設計出來的菜單沒法付諸實現，一般開菜單時應用不同的烹調方法才能使設備平均被使用，不會只用一至二種設備，菜單較有變化。

九、季節與天氣

冬天氣候寒冷，要吃口味較重的菜餚，夏天則吃較清淡的菜餚。

十、食物的特性與組合

食物的色、香、味、組織、外形、稠度、排盤、製備方法均應考慮。

(一)色

一盤菜或一套菜應有三種顏色，即綠、白、棕，呈對比色系排列，不能同一顏色。

植物中蔬果的顏色可做菜單搭配之基礎，紅色如紅番茄、甜菜根，富含胡蘿蔔素；橙色及黃色如黃甜椒，富含β-紅蘿蔔素，具有清除自由基之作用；綠色如綠花椰菜含葉綠素、葉黃素，可抑制基因損傷及縮小腫瘤；紫色及黑色如木耳、海帶，含有類黃酮、類胡蘿蔔素，可增加免疫力；白色如洋蔥、大蒜，含有硫化合物，具抗氧化功能。臺灣癌症基金會提倡蔬果579的飲食，即小孩每天應攝取5份蔬果（3份蔬菜2份水果）、成年女性7份蔬果（4份蔬菜3份水果），成年男性9份蔬果（5份蔬菜4份水果）。

(二)香

香的感受不同有不同的接納力，如臭豆腐有人覺得香，有人覺得臭，以大多數人的感受為主。

(三)味

味道是製作出來食物能被接納，十分重要，一套菜單中每道菜應有不同味道，此種組合才會被消費者接受。

(四)組織

即質地，一盤菜中應有不同的質地的材料如有軟有硬，才不會吃起來感受不好。

(五)稠度

團體膳食菜餚大多數人喜歡勾芡，但不宜每道菜均勾芡，會使人吃起來感受不佳。

㈥形狀

一道菜中材料切割形狀應一致，菜與菜之間則有不同外形。

㈦排盤

應有好的排盤，盤飾使人感受到食物量增加。

㈧製備方法

不同菜單應有不同製備方法組合而成，使人吃後有不同感受。

第三節　菜單命名

菜單命名十分重要，吸引人為主，中式與西式命名方法不同。

一、中式菜單

㈠以主料或主料加配料來命名：如青椒肉絲、銀芽雞絲。

㈡因人因地而命名：如東坡肉、李公雜碎、萬巒豬腳、彰化肉圓。

㈢以味道命名：如糖醋魚、麻辣豆腐。

㈣以形狀命名：如枇杷豆腐、木筆冬筍。

㈤以烹調方法命名：如炸蝦球、燴四色、清蒸魚。

㈥以色彩命名：如三色蛋、雪花雞、五彩蝦仁。

㈦以盛放器皿來命名：如砂鍋魚頭、什錦火鍋。

㈧菜單美化：如鴛鴦戲水、花好月圓。

二、西式菜單

㈠標明食材部位或等級：如prime beef。

㈡食物切割外形：如diced carrot，ribbon sandwiches。

㈢食物的供應溫度：如chilled apple juice。

㈣寫明食物的組織：如crisp cookies。

㈤寫明食物的色彩：如black bean soup，angel cake。

㈥寫明食物來源：如italian macaroni，french omelet。

(七)寫明食物製備方法：如fried chicken，scrambled egg。

(八)寫明調味：如sweet d sour soup。

(九)寫明材料：如livev and bacon。

第四節　菜單設計方法

(一)收集菜單

　　剛開始對菜單不熟，因此須自己建立資料庫收集各種菜單，多看食譜，以主材料爲主設計出各種不同菜單。

(二)收集如菜單做各種不同組合

　　中式菜單以主食爲主，葷菜、葷素拌合、素菜、湯、甜點，依序做設計。

　　西式菜單以肉爲主，依序設計沙拉、蔬菜、主食、湯、甜點。

(三)設計的菜單

　　應將每道菜所要用的材料列出看有沒有重複，色、香、味、組織、稠度、外形是否有重複。

第四章

團體膳食食物量的控制

團體膳食食物量差之毫釐則失之千里，每人份少一點點乘以倍數，則有很大差異，現敘述量的控制，可由下列方法來做控制。

第一節　由每人營養需求來算出所需的材料

一、不同的年齡層營養需求不同

(一)幼兒期（3～6歲）：男孩每日1,450～1,650大卡，女孩每日1,300～1,450大卡，蛋白質占熱量10～15%，脂肪25～30%，醣類55～65%，幼稚園中餐食供應模式：每日供應早、午點及午餐，占整日熱量之50%。

(二)學齡期（7～12歲）：男生每日1,800～2,050大卡，女生每日1,550～1,750大卡，蛋白質占熱量10～15%，脂肪25～30%，醣類55～65%，校方供應營養午餐，每日供應中餐，占整日熱量之35%。

(三)青春期（13～19歲）：男生每日2,050～3,050大卡，女生每日1,650～2,400大卡，蛋白質占熱量10～15%，脂肪25～30%，醣類55～65%，校方供應營養午餐，每日供應中餐，占整日熱量之35%。

(四)中年期（35～50歲）：男生每日1,850～2,750大卡，女生每日1,550～2,300大卡，蛋白質占熱量10～15%，脂肪25～30%，醣類55～65%，工廠內每日供應中餐，占整日熱量之35%。

(五)老年期（70歲以上）：男生每日1,650～2,150大卡，女生每日1,450～1,900大卡，蛋白質占熱量10～15%，脂肪20～25%，醣類占60～70%，若為老人安養中心則每日供應三餐之外加二次點心。

二、設計步驟

(一)須依不同年齡層供餐性質來擬定供應所需的營養素。
(二)由每日熱量，算出每餐熱量、蛋白質、脂肪、醣之百分比及克數。
(三)算出1人所需的材料量。

㈣乘以份數即團膳所需供應量。

㈤例如：試爲國中學童，設計1千人份營養午餐食物供應量

1.一人午餐的營養需求

由RDA得知13～15歲每人每日之營養需求，男生最高2,050大卡，最低1,550大卡，求取最高與最低的日平均值，午餐熱量占一天的35%。

(1,550＋2,050)÷2 = 1,800

1,800×35% = 630卡

2.營養素分配

蛋白質占熱量15%，因此蛋白質爲630×15%÷4 = 24公克

脂肪占熱量30%，因此脂肪爲630×30%÷4 = 21公克

醣類占熱量55%，醣類爲630×55%÷4 = 87公克

3.食物分配

依奶類、蔬菜、水果、全穀根莖類、肉類、油脂類作醣類、蛋白質、脂肪之設計。

表4-1　食物分配

食物類別	份數	重量（公克）	醣（公克）	蛋白質（公克）	脂肪（公克）	計算方法
脫脂牛奶	1	240	12	8	＋	1.預估牛奶、蔬菜、水果的份數
蔬菜	1.5	150	7.5	2	＋	
水果	1	100	15	＋	＋	
			(34.5)	(10)	(＋)	2.將已用掉的牛奶、蔬菜、水果的醣類加起來
全穀根莖類	3.5	70	52.5	7	＋	3.將總醣量扣除用掉之醣除以15即爲全穀根莖類之份數(87-34.5)÷15 = 3.5 x

食物類別	份數	重量（公克）	醣（公克）	蛋白質（公克）	脂肪（公克）	計算方法
			(87)	(17)	(+)	
肉類	1	30	+	7	5	4.將總蛋白質之克數扣除牛奶、蔬菜、全穀根莖為之蛋白質，除以7即為肉類之份數(24-17)÷7＝1 x
			(87)	(24)	(5)	
油脂	3.5				17.5	5.將總油脂量扣除肉類之油脂除以5即為油脂之份數(21-5)÷5＝3.5 x
			(87)	(24)	(22.5)	

4.菜單設計

表4-2　菜單設計

菜單	食物種類	採購重量／每份	採購重量／1千人
米飯	米	60公克	60公斤
芹菜肉絲	芹菜 肉絲	55公克（50公克÷0.9＝55公克） 37.5公克（30公克÷0.8＝37.5公克）	55公斤 37.5公斤
炒三丁	小黃瓜 玉米粒 （買已去梗之產品） 紅蘿蔔	27.7公克（25公克÷0.9＝27.7公克） 25公克（25公克） 27.7公克（25公克÷0.9＝27.7公克）	27.7公斤 25公斤 27.7公斤
素炒菠菜	菠菜	62.5公克（50公克÷0.8＝62.5）	62.5公斤
柳丁	柳丁	100公克	100公斤
脫脂牛奶	脫脂奶	240cc	1,000杯（240公斤）

第二節 由標準配方百分比來計算

一、如果有標準配方，則預估每份成品量除以0.94（操作損耗6%）

二、將成品量乘以食材百分比除以總百分比，即為每份食材之採購量

三、下列包子皮百分比為例，製作1千個包子，各成分之量。（如表4-3）

表4-3 包子皮百分比

材料	百分比%	
中筋麵粉	100	$53公斤 \times \dfrac{100}{167} = 31.7公斤$
水	55	$53公斤 \times \dfrac{55}{167} = 17.4公斤$
酵母	3	$53公斤 \times \dfrac{3}{167} = 0.95公斤 = 950公克$
鹽	2	$53公斤 \times \dfrac{2}{167} = 0.63公斤 = 634公克$
細砂糖	4	$53公斤 \times \dfrac{4}{167} = 1.27公斤 = 1268公克$
豬油	3	$53公斤 \times \dfrac{3}{167} = 0.95公斤 = 950公克$
計算方法	1.總百分比167% 2.預估每張麵皮50公克，50÷0.94＝53公克（其中6%為操作損耗） 3.總麵糰53公克×1,000＝53公斤 4.各材料之量為總麵糰×$\dfrac{各材料所占百分比}{總百分比}$	

第三節 由供應量計算出採購量

一、了解採購量，可食量、供應量之關係

　　1.採購量（as purchased，簡稱為AP）：指食物採購的數量。

　　2.可食量（edible portion，簡稱為EP）：將食物去除不可食的部分稱為可食量。

3.供應量（as served，簡稱AS）：食物可食量經烹煮後經收縮與膨脹所得的量。

二、採購量

預估每份之供應量，除以可食率或膨脹率或（100%－收縮率），再乘以份數即爲採購量。

三、各類菜單設計方法

(一)米飯

1.由生的米直接計算

米飯1碗200公克，須用米80公克，因此煮成100碗米飯，則用8千公克（8公斤米）。

2.由熟的米飯來計算

熟米飯量／1人乘以份數等於總成品量，總成品量除以膨脹率即爲米量，如煮200公克米飯／1人，100人份，所需米量

200公克×100÷250% = 8,000公克 = 8公斤米

(二)燴飯

1.燴飯之米量

熟的米飯200公克／1人

100人之米量爲200公克×100÷250% = 8,000公克 = 8公斤

2.燴的材料

1人以200公克爲宜，其中1人份量肉片45公克，洋蔥40公克、紅蘿蔔40公克、魚板1片45公克、青豆仁30公克：（如表4-4）

表4-4　燴的材料

食材名稱	可食率%	收縮後成品%或膨脹率%	成品重量（公克）／1人	採購重量（公克）／100人
肉片	100	20	45	5,625（45÷0.8%×100）

團體膳食管理與製備

食材名稱	可食率 %	收縮後成品%或膨脹率%	成品重量（公克）／1人	採購重量（公克）／100人
洋蔥	88	0	40	4,545（40÷88%×100）
紅蘿蔔	88	0	40	4,545（40÷88%×100）
魚板片	100	0	45	4,500（45÷100%×100）
青豆仁	100	0	30	3,000（30÷100%×100）

(三)炒飯（如表4-5）

表4-5　炒飯成品重至少375公克／1人

食材名稱	可食率 %	收縮或膨脹率%	成品重量（公克）／1人	採購重量（公克）／100人
米飯	100	250	250	10,000（250÷250%×100）
火腿丁	100	0	40	4,000（40÷100%×100）
玉米粒（帶梗）	50	0	30	6,000（30÷50%×100）
洋蔥	88	0	30	3,400（30÷88%×100）
紅蘿蔔	88	0	30	3,400（30÷88%×100）
青豆仁	100	0	30	3,000（30÷100%×100）

(四)稀飯（如表4-6）

表4-6　稀飯成品重400公克／1人

食材名稱	可食率 %	收縮後成品%或膨脹率%	成品重量（公克）／1人	採購重量（公克）／100人
米	100	500	250	5,000（250÷500%×100）
肉絲	100	20	45	5,625（45÷80%×100）
花枝	50	30	30	8,570（30÷70%÷50%×100）
青豆仁	100	0	45	4,500（45÷100%×100）
紅蘿蔔	88	0	30	3,400（30÷88%×100）

(五)油飯

表4-7　每人份成品重300公克

食材名稱	可食率%	收縮或膨脹率%	成品重量（公克）／1人	採購重量（公克）／100人
長粒糯米	100	170	225	13,235（225÷170%×100）
肉絲	100	20	45	5,625（45÷80%×100）
蝦米	100	110	10	909（10÷110%×100）
香菇	88	300	20	757（20÷300%×100）

四、麵食

1.冷水麵：冷水麵如水餃，水餃皮買現成的1張7～8公克，內餡1個12～15公克，若自己做水餃皮每張皮10公克，則中筋麵粉100%、水50～60%，現作1人10個水餃，100人份。

(1)麵皮：（如表4-8）

表4-6　麵皮

材料	百分比%
中筋麵粉	100
水	55
	155

(2)麵皮部分

①總麵糰：10公克×10×100÷0.94 = 10,638公克（6%為操作損耗）

②中筋麵粉：$10,638 \times \frac{100}{167} = 6,863$公克

③水：$10,638 \times \frac{55}{155} = 3,774$公克

(3)內餡

表4-9　內餡

材料	百分比%	內餡重（公克）／1個
絞肉	40	4
韭菜	100	8

(4)內餡部分

①絞肉：4公克×10×100 = 4公斤

②韭菜：8公克×10×100÷0.8 = 10公斤

2.燙水麵：燙水麵如烙盒子，1張麵皮70公克，韭菜內餡50公克，1人1個100人份。

(1)麵皮（如表4-10）

表4-10　燙水麵麵皮

材料	百分比%
中筋麵粉	100
滾水	37
冷水	18
	155

(2)麵皮部分

①總麵糰：70公克×100÷0.94 = 7,446公克

②中筋麵粉：$7446 \times \dfrac{100}{155}$ = 4,803公克

③滾水：$7446 \times \dfrac{37}{155}$ = 1,777公克

④冷水：$7446 \times \dfrac{18}{155}$ = 846公克

(3)內餡

表4-11 內餡

材料	可食率%	收縮後成品% 或膨脹率%	每份成品重（公克）
韭菜	80	0	20
絞肉	100	0	20
粉絲	100	300	10

(4)內餡部份

①韭菜：20公克×100÷0.8 = 2,500公克

②絞肉：20公克×100 = 2,000公克

③粉絲：10公克×100÷30% = 333公克

五、葷菜

每人份供應量60～75公克。

表4-11

材料	可食率%	收縮後成品%
豬肉片	100	80
吳郭魚	37	87
白帶魚	58	90
雞胸肉	55	85
雞腿肉	46	85

1. 豬肉採購量

    60÷0.8 = 75公克

2. 吳郭魚採購量

    60÷0.37÷0.87 = 186公克

3. 白帶魚採購量

    60÷0.58÷0.9 = 115公克

4.雞胸肉採購量

60÷0.55÷0.85 = 128公克

5.雞腿肉採購量

60÷0.46÷0.85 = 153公克

由表4-12可見各類食物之可食率與膨脹收縮後成品比率：

表4-12　各類食物之可食率與膨脹收縮率

食物	可食率%	膨脹收縮後成品比率%	食物	可食率%	膨脹收縮後成品比率%
再來米	100	268	吳郭魚	37	85
蓬萊米	100	250	金線魚	43	82
糯米	100	180	白帶魚	58	82
乾麵條	100	300	秋刀魚	54	85
油麵	100	300			
細米粉	100	230	花枝	65	80
粗米粉	100	215	帶殼蝦	55（蝦仁）	75
細麵線	100	200	牡蠣	100	54
粗麵線	100	210	文蛤	15	85
冬粉	100	300	海帶芽	100	95
芋頭	86	100			
番薯	90	98	西瓜	60	
馬鈴薯	85	100	哈密瓜	86	
南瓜	88	90	芭樂	75	
綠豆	100	230	楊桃	70	
紅豆	100	225	香蕉	70	
黃豆	100	225	蘋果	85	
			柳丁	81	
豬大排	80	85			
豬小排	40	85	高麗菜	90	95
豬腳	54	80	白蘿蔔	85	98

食物	可食率%	膨脹收縮後成品比率%	食物	可食率%	膨脹收縮後成品比率%
豬肉	100	85	紅蘿蔔	92	90
牛腱	100	85	青江菜	92	90
全雞	60	85	小白菜	92	87
雞胸	55	85	小黃瓜	85	80
棒棒腿	46	85	芹菜	86	87
			長豆	85	90
雞蛋	88	88	涼薯	92	95
鴨蛋	88	88	竹筍	40	100
皮蛋	90	88	花椰菜	75	90
			小黃瓜	97	90
			苦瓜	90	80
			茄子	95	80

六、葷素拌合

每人供應量80～100公克，其中葷菜約30～45克，其餘為素菜，如青椒炒牛肉，如表4-13：

表4-13　青椒炒牛肉

食物	可食率%	膨脹收縮率%
青椒50	85	100
牛肉30	100	85

1. 青椒採購量

   $50 \div 0.85 \div 100\% = 59$公克

2. 牛肉採購量

   $30 \div 100\% \div 0.85 = 35$公克

第五章

食物採購與驗收

團膳機構如果有良好的採購與驗收系統，將可做好食品品質管控的基礎，現依序介紹

第一節　食材採購

(一)適質

即適當的品質，由於進貨價格影響售價，當您的售價高則進貨食材品質要好，最好能購買到有政府認定標誌工廠的產品如合格CAS、GMP、HACCP廠之產品，一般團體供膳售價若不高則採購普通品質的食材即可。

(二)適量

視庫房大小，採購適量的產品，若庫房不大，則不適合採購大量的食材。

(三)適時

採購當季的產品，品質好製作出來產品較鮮美，如臺灣蔬菜、水果均有季節性，當季的蔬果較甜美。

(四)合理價格

採購合理價格的食材，成本低由於可能廢棄率高，不見得品質好，成本高也不見得品質好，可能正好物價上漲所造成。

(五)選擇有信譽的廠商

廠家有信譽供應的貨源較有保障。

(六)不宜購買有添加物之食材

如筍乾、金針為保有黃色色系食用硫黃燻過，酸菜、醃黃蘿蔔常添加鹽與芥黃；蘿蔔乾、醃筍片常加吊白塊；洋菇常加入過氧化氫，雪裡紅、梅乾菜則加入過量鹽；過Q的麵條、貢丸常加入硼砂；油麵、陽春麵常加入磷酸鹽。

第二節　認識食品標章

行政院農業委員會於2007年6月14日啓用產銷履歷產品（TAP）、有機農產品（OTAP）、優良農產品（UTAP）三大農產品檢驗，訂立農產品生產及驗證管理法草案，針對產銷履歷農產品，有機農產品及其加工品、優良農產品、進口有機農產品及有機農產品、農產品驗證機構、農產品標章管理、農產品檢查及抽樣管理訂立8個法規，爲我國農業奠定里程碑。

政府爲了確保食品合乎衛生安全，由學者專定訂立了一些標章，希望消費者可作爲依循，現將各種標章介紹於下。

一、吉園圃標章（GAP，即Good Agriculutral Practice）

國人對蔬果的農藥殘留可透過吉園圃標章建立信心，吉園圃爲藍色，二片綠葉代表農藥，下有九個號碼，可藉由九個號碼找到生產者的資料，可知道農民使用的藥劑名稱及其合法性，產品裡經過輔導、檢驗及管理，建立消費者對蔬果的信心，提升國產蔬果的競爭力。

二、優良製造標準（GMP，即Good Manufacturing Practice）

又稱爲良好作業規範，經濟部給予廠家之認證，有9位數字，1、2代表產品類別，3～5爲工廠編號，6～9爲產品標號，廠商申請須做好工廠硬體設施，與軟體運作過程記錄與管理。

標示中微笑代表滿意與安心。

三、優良農產品標章（CAS，即Chinese Agricultural Standards）

即臺灣優良農產品，由財團法人臺灣優良農產品發展協會來推動，

提升國產農產品與加工品的品質衛生安全，增進農產農產品的附加價值，提高農民收益。

CAS標章有15項，包括1.肉品2.冷凍食品3.果蔬汁4.食米5.醃漬蔬果6.即食餐食7.冷藏調理食品8.生鮮食用菇9.釀造食品10.點心食品11.蛋品12.生鮮截切蔬果13.水產品14.林產品15.乳品。

四、正字標誌

經濟部對於已奉准公司或營利事業登記、合格工廠登記之廠商，經評鑑符合規定，產品符合國家標準者給予正字標誌。

五、健康食品標章

行政院衛生福利部給予認證，依健康食品管理法可認定的保健功效有調節免疫機能、調節血脂、調整腸胃功能、改善骨質疏鬆、牙齒保健、調節血糖、護肝功能。

六、鮮乳標章

為行政院農業委員會給予認證，上有冬夏乳製品之標誌、容量、產期、容量有200、230、340、500、946、1,892、2,800等。

七、羊乳標章（GGM，即Good Goat Milk）

由中華民國養羊協會認證，代表生產純、真、新鮮無污染之羊奶，豎直之耳朵如「讚」字，GGM羊乳標誌代表純正、新鮮、衛生及安全。

八、電宰衛生豬肉標章

豬隻經過電屠宰並驗有獸醫師檢查屠體及內臟合格，在豬皮上蓋有屠宰衛生檢查合格標誌。

九、海宴─精緻漁產品標章

由臺灣省政府漁業局在1969年創立，對於冷凍水產品、罐製水產品及乾製水產品的衛生品質管制，2006年由農委會漁業署給予超低溫冷凍水產品、冷藏、乾製、罐製水產品給予標誌。

十、酒品認證標章

為財政部為提升國內酒品品質，維護生產者、販賣者及消費者共同權益的認證，以杜絕私劣酒。

十一、良好衛生管理（GHP，即Good Hygienic Practice）

由衛生福利部通令各縣市衛生局成立稽核小組，由學者專家組隊針對各縣市餐飲業做檢查，合於衛生者給予優與良之標誌。

2014年世界衛生組織列出十大垃圾食品，第1號垃圾食品為油炸食品，其次依序為醃製類、加工類、餅乾類、汽水可樂類、速食泡麵、罐頭類、蜜餞類、冷凍甜食、燒烤類。每天應多吃新鮮蔬菜、水果，多喝水一天約2,000cc，少油、少糖、少鹽，才能有健康幫助。

下列12種食物對身體健康有幫助：

1. 牛奶：含色胺酸及鈣，可穩定情緒。
2. 豆漿、豆腐等黃色食品：含維生素B_6，色胺酸、菸鹼酸。
3. 深綠色蔬菜：富含葉酸及纖維素。
4. 香蕉：含鉀、維生素B_6、色胺酸，但心臟病患宜少吃，因吃多了鉀會攝取過多而有心悸。
5. 深海魚：含有HDL（高密度脂蛋白）及Omega-3可抑制身體發炎現象。
6. 雞肉：含硒，可提升血清濃度，使人更有精神。

7. 南瓜：含鐵、維生素B_6，維生素A可穩定血糖，具抗氧化，可預防心臟疾病。

8. 櫻桃：含花青素及維生素C，具有抗氧化效用，促進血清素。

9. 堅果：含維生素B_6和菸鹼酸，鎂、鉀可促進代謝。

10. 燕麥：含纖維素，可促進排便。

11. 大蒜：含維生素B群，穩定情緒。

12. 葡萄柚：含豐富的維生素C，可抗氧化，提升免疫力，服藥期間不可食用，因它會影響藥效。

第三節　食物驗收

一、驗收標準

團膳機構每一項食材應訂定驗收標準，此標準須經過買賣雙方認同，確實可行並確實遵行規範，驗收時廠商送貨來即秤重或數數量，檢查送貨車的溫度，如冷藏車應為4～7℃，冷凍車應為-18℃以下，原料是否有廠牌、政府認證之標誌、抽樣方法，除去紙箱後入庫。拒收貨品之標準，及不良品之處置，將拒收貨品與合格品分開，拒收貨品請廠商立即載回，如不立即載回則冷藏品應存放冷藏庫，冷凍食品仍應予以冷凍於-18℃以下。（如表5-1～5-9）

表5-1　冷凍肉品

標示說明	廠牌、部位、外形、重量、添加物製造日期、CAS標準
外觀	堅硬如石，不宜有冰結晶，包裝完整
溫度	-18℃以下
製造日期及有效期	完整無塗改，離有效期一半以上
拒收貨品	1. 無標示說明 2. 有冰結晶，水分超過8%

	3.軟有血水
	4.有異物
	5.有異味

表5-2　冷藏肉品

標示說明	廠牌、部位、外形、重量
外觀	軟，正常淡紅色，牛肉呈桃紅色、豬肉呈淡紅色、羊肉呈紅褐色、雞肉呈粉紅色、鴨肉呈暗紅色
溫度	7℃
製造日期及有效期	完整無塗改，離有效期一半以上
拒收說明	1.肉色太淡 2.肉色變綠 3.有異物 4.有異味

表5-3　乾料

標示說明	廠牌、包裝完整、有保存期限
外觀	包裝完整、顏色正常、無蟲體、無夾雜物
溫度	室溫
製造日期及有效期限	完整，離有效期限尚一半以上
拒收貨品	1.發霉 2.鬆散，不成形超過5%

表5-4　蛋類

標示說明	廠牌
外觀	完整、無糞便污染
溫度	室溫
製造日期及有效期限	不能超過有效期
拒收貨品	1.蛋殼破損者超過5% 2.蛋外殼有糞便污染超過5% 3.有異味

表5-5 豆腐類

標示說明	廠牌、添加物
外觀	無黏液、顏色乳黃、外形完整
溫度	室溫或4℃以下
製造日期及有效期限	在有效期限內
拒收貨品	1.外表有黏液 2.有腐敗味道

表5-6 蔬果類

標示說明	廠牌
外觀	葉類蔬菜型態完整、顏色正常，無破裂現象；瓜類蔬菜果實飽滿，表面無斑點；根莖類蔬菜肥嫩無傷痕，無發芽或腐爛。
溫度	室溫
拒收貨品	1.不良品超過5% 2.腐爛品超過5% 3.蟲咬超過5%

表5-7 米類

標示說明	廠牌、產地
外觀	外袋無破損
溫度	室溫
拒收貨品	1.水分超14%以上； 2.發霉； 3.破碎粒超過取樣5% 4.石頭或滑石粉重量超過取樣0.1%

表5-8 魚貝類驗收

魚類	鰓色鮮紅、魚眼球明亮，透明突出，魚鱗完整不脫落，淡水魚稍具土味
貝類	外殼緊閉
蝦類	外形完整、無斷頭、無臭味

表5-9　原料驗收標準

類別	原料	驗收項目
冷凍	肉品	包裝完整，堅硬如石，送貨車及食品-18℃以下
	魚類	冰含量≤8%
新鮮	牛肉	色呈桃紅色，沒異物、異味
	豬肉	色呈鮮紅色，沒異物、異味
	魚類	魚鱗緊密、魚眼突出、緊密，魚骨與魚肉緊密、沒有異味
	家禽	肉色正常，表皮乾淨，沒有泡水或冰層
	豆腐	外表正常、無黏液，惡臭或漂白（過氧化氫）
乾料	米	水分不得超過14%，米粒完整，碎米粒不得超過抽樣之5%
蔬菜	青菜	表面清潔、鮮嫩、無腐爛葉或枯萎
水果	水果	無腐爛、破損、有光澤、外形完整、飽滿
	油脂	澄清、無沉澱物、無異味及油脂酸敗味
	罐頭	密封完整、無膨罐、凹罐，有完整的食品標示

二、快速檢測法

為了解市售產品是否含添加物可用下列檢測方法

(一)檢測過氧化氫

適用於麵條、豆製品、丸類、家禽，可用雙氧水試劑，原本為無色溶液，滴在食品上若有過氧化氫則呈現黃褐色。

(二)檢測皂黃顏色

適用於豆干、鹹魚、油麵，試劑原本無顏色，若食品有皂黃則變成紫紅色。

(三)檢測硼砂

適用於蝦子、貢丸、碗粿，用10%鹽酸溶液，10%氨水、薑黃試紙，將檢體細切放入試管中，加水及加入10%鹽酸溶液，加溫抽出硼砂，抽出液滴在薑黃試紙，以吹風機吹乾，變成紅褐色，加入10%氨水，如變為暗青色即含有硼砂。

(四)檢測二氧化硫

適用於金針、筍乾，用有碘酸鉀澱粉試紙來測試，將固體檢體取0.1～2公克加氨10ml，放於100ml燒杯混合放置3～5分鐘，加入5ml磷酸溶液，將吊有碘酸鉀澱粉試紙之木栓塞三色瓶，置放3～5分鐘，若試紙變藍色即含有二氧化硫。

三、食物盤存

團體膳食食物每一單項均須做入庫、出庫、結餘之紀錄，由上期結餘數量加上本期入庫數量扣除本期撥發量即為本期的庫存數量。（如表5-10）

表5-10　食物盤存表

食品序號	品名	單位	入庫	出庫	結餘
			日期、數量	日期、數量	日期、數量

副總：　　　　　　　財務經理：　　　　　　　庫房管理員：

第六章

各類食物烹調原理

食物種類多，不同種類的食物有其特性，烹調原理亦不相同，現依序介紹其烹調原理。

第一節　穀類

穀類爲人類的主要熱量來源，由於它很容易種植，繁殖快又經濟，提供的熱量高，在東南亞地區以它爲主要的糧食。

穀類中以米爲主，在臺灣的米種種類多，在市面上大都分爲再來米、蓬萊米、糯米，其中糯米又依長、短分爲長糯米與圓糯米。

再來米之直鏈澱粉含量較高，枝鏈澱粉含量較少，因此煮好後較鬆散，較容易老化，即放涼常變硬，適合製作較爽口的產品，如蘿蔔糕、碗粿。

蓬萊米之直鏈澱粉百分比介於糯米與再來米之間，煮出米的米飯具有黏性，適合臺灣人食用，常用來製作日常吃的米飯、米漿。

糯米的直鏈澱粉最少，煮出來的成品黏性強，不易老化，適合製作油飯、麻糬、年糕。

除了米之外，我們日常生活中亦吃玉米，玉米的品種也不少，以顏色而言有紫色、黃色、乳白色，以所含的澱粉而言有枝鏈澱粉含量較高的糯玉米，由於玉米缺乏色胺酸，因此很少長期拿來當主食，團膳中將玉米與米一起煮色澤不錯，但對營養素沒什麼幫忙。

近年來燕麥因含有高纖維，可降低膽固醇。在米飯烹煮中加入少許燕麥可增加其黏稠度，對血糖之降低有些成效。西方人以小麥磨成麵粉，製作成麵食，臺灣不產小麥全靠進口，小麥依蛋白質含量高低分爲特高筋麵粉、高筋麵粉、中筋麵粉與低筋麵粉，不同性質的麵粉用於不同菜單，當麵粉加水之後，其中的蛋白質會形成麵筋，特高筋麵粉用來製作通心麵或春捲皮；高筋麵粉用來製作土司、包子、披薩之皮；中筋麵粉用來製作中式麵點；低筋麵粉用來製作小西餅、蛋糕，穀類也可磨成各種澱粉，如再來米粉、蓬萊米粉、糯米粉、高筋麵粉、中筋麵粉、

低筋粉，各種穀類與穀粉均以三大烹調方法製作產品。

一、糊化

所謂糊化作用，是指穀類加熱吸收足夠的水，將原來 β 澱粉形成 α 狀，穀粒澱粉形成黏稠狀，將米煮成飯就是此原理，要讓它吸收足夠的水才能達到此目的，東方米飯之吃法要吸收水讓它完成糊化，義大利、西班牙之吃法則米心要硬，故不用完成糊化。

二、糊精化

將穀類經乾熱法之後，澱粉形成了糊精，會使它更香，更容易消化，如麵粉炒香成糊精，如麵茶更香，土司烤過亦更香。

三、老化

當穀類煮好放置一段時間成品變硬稱為老化，直鏈澱粉越高越容易老化，枝鏈澱粉越少越不容易老化。因此再來米較蓬萊米、糯米容易老化，要避免老化應選擇枝鏈澱粉高的米種（糯米），或在粉中加入乳化劑亦可抑制老化。

第二節　肉類

不同種類的肉類均含有肌纖維（瘦肉）、脂肪（肥肉）、結締組織（皮與筋）及骨頭。

一、肉的組織

(一)肌纖維

不同國家的人們對於各種不同動物喜歡瘦肉的咀嚼感受不一。

臺灣人喜歡豬隻要養180天，肉雞養42～45天、土雞養90～120天、烏骨雞養100～120天、火雞140天、蛋雞則不以食用為主，到下蛋

為主，養420～490天。

飼養越久瘦肉纖維越長，越硬，但飼養天數不夠，纖維太短沒咬勁亦不好吃。

(二)脂肪

動物所含脂肪的多寡，會影響肉的質感與風味，不同的動物含有不同的脂肪，養越久脂肪含量越高。

好的肉，其脂肪呈大理石紋，在瘦肉中，一般稱為油花或霜降，除此之外在內臟四周的脂肪稱為板油，用來炸油或做成芝麻湯圓之用；在皮的上層亦含有脂肪。

(三)結締組織

結締組織包含網質纖維、膠原纖維及彈性纖維，其中膠原纖維經加水及加熱會形成明膠，至冷則形成凍膠；彈性纖維則經拍打會將纖維弄細使肉質較嫩，彈性纖維經木瓜酵素、鳳梨酵素作用後亦會變得比較嫩。

(四)骨頭

越年輕的屠體骨頭成粉紅色，年紀越大的骨頭成灰白色，由骨頭就可看出其飼養時間之長短。

二、肉類熟成作用

動物被屠宰之後，數小時之內，身體會變硬，經1～2天後肌肉又變軟，此種現象稱為熟成作用。肉類熟成時有下列之變化：

(一)ATP降低

動物死後，肌肉中的三磷酸（ATP酶）分解ATP，當ATP降低至15%時，僵直作用即形成。

(二)自體分解

肉類組織中含有蛋白分解酵素，會使肉類產生自體分解，水溶性蛋白及游離胺基酸增加，使肉體變柔軟。

(二)肌纖維球蛋白合成

肌肉中的肌動蛋白與肌球蛋白合成肌纖維球蛋白，當ATP足夠時，肌動蛋白與肌球蛋白之結合鍵分開，呈鬆弛狀，當ATP不足時，呈鎖合狀。

(四) PH值降低

活的動物肌肉PH值為7.4，屠殺後肝醣變成乳酸，PH值降低。

(五)乳酸增加，由於肝醣變成乳酸，導致乳酸增加

(六)柔軟度改變

肉在1～3℃時經熟成後柔軟度變好。

三、影響肉類嫩度之因素

影響肉類嫩度之因素如下：

(一)結締組織多寡：生的屠體中結締組織高時，該部位很老，當經過加水、加熱或拍打後屠體就會水解成膠原纖維，肉的柔軟度變好。

(二)脂肪的分布：當肉的脂肪成大理石紋在瘦肉之間，經烹調後脂肪的油脂釋出，濕潤瘦肉，肉質變好。三層肉中有肥肉在瘦肉之間，經烹調後肉質變嫩。

(二)年齡：年輕的肉因肌肉纖維未發達肉質較嫩。

(四)部位：豬肉中腰內肉較頸肉、腿肉嫩。

(五)溫度：烹煮至肉內部76℃時，肉最嫩。

(六)機械力：經機械力拍打使肌纖維斷裂，肉質變嫩。

(七)酵素：肉片加入木瓜精、鳳梨酵素、無花果酶等嫩精，會使肉質變嫩。絞肉則不宜加酵素，因至高溫時酵素作用會使肉變成泥狀。

(八)冷藏：由於冷藏時酵素仍有作用，可使肉變嫩。

(九)冷凍及酸：對肉的嫩度沒影響，因冷凍及酸使酵素不再作用。

第三節　海產類

海鮮類分為帶骨的魚類及貝殼類，其中帶骨的魚類又分為淡水魚與海水魚，貝殼類分為貝類及甲殼類。

由於海產類價格高且不易分切，容易產生食物中毒，團體膳食較難以它為供應食材。

海產類之烹調以吃原味為佳，有好的食材以清蒸或煮為佳，團膳處理魚類則以煎、炸之後再淋上各種不同的調味料，就可烹調出不同風味的海鮮。

第四節　奶類

中式餐食奶類很少加入烹調，奶類加入烹調有下列幾種原理

一、燒焦

牛奶含乳糖，經高溫會燒焦，因此宜用雙層鍋，外層加水，內層放牛奶隔水加熱。

二、皮膜形成

牛奶加熱時，白蛋白會形成皮膜附著於鍋邊，因此煮牛奶時宜不停攪拌。

三、凝塊形成

當牛奶遇到酸，PH在4.6時，酪蛋白會凝固，產生蛋白變性，因此牛奶加入單寧酸高的蔬菜應將蔬菜汆燙，將牛奶以澱粉勾芡，再倒入蔬菜。

四、起泡作用

牛奶選用含乳脂肪35～38%之鮮奶油，放於圓形底面積小的不鏽鋼盆。在2～4℃之溫度下拌打，不鏽鋼下墊冰塊，打至挺硬狀。

買鮮奶油時宜買取代品，上有imitation之字眼，如此鮮奶油可冷凍、解凍後使用，若買純的鮮奶油不能冷凍，解凍後脂肪會凝固成塊狀，只剩下乳清，不宜冷凍。

第五節　蛋類

蛋是最營養，價格最便宜，很適宜做團體膳食，其烹調原理如下：

一、凝固作用

蛋可吸附大量水分子，1個蛋可使3/4杯水凝固，但要做出好的成品，不宜用力打及用大火蒸，用力打會使蛋的組織粗糙有孔洞，大火蒸會使成品有孔洞，色變暗綠色。

除此之外避免硫化鐵之形成，蛋蒸太久時蛋白的硫與蛋黃的鐵會結合形成硫化鐵，因此蒸蛋時宜用新鮮的蛋，在煮蛋的水中加入少許鹽與白醋，盡量縮短烹煮時間。

二、乳化作用

蛋黃之卵磷脂具有親油根與親水根，可使油、水均勻地混合。

三、起泡作用

蛋白、蛋黃經拌打體積會變大，具有起泡作用。

蛋的起泡作用有四個階段，起始擴展期、濕性發泡期、硬性發泡期及乾性發泡期，當您製作蛋皮或作黏著劑時，只做到起始擴展期，將蛋液打勻，做戚風或乳沫類蛋糕時，打至濕性發泡或硬性發泡，當拌打過

頭則至乾性發泡，泡沫脫水呈棉花狀，在烘焙上已無用處。

影響蛋的起泡沒有下列幾點因素：

(一)蛋的新鮮度：蛋越新鮮，越不易起泡，但它較穩定。

(二)蛋的溫度：蛋白以21～22℃，蛋黃以43℃最易起泡，因此將蛋白
　　放至21℃，蛋黃則隔水加熱至43℃再拌打。

(三)攪拌時間之長短：打蛋有高峰期，拌打過頭則泡沫消失，失去效
　　用。

(四)PH值：蛋白PH值在4.8時，拌打能力最好。

(五)加酸：蛋白加酸使拌打能力變好。

(六)加鹽：會阻礙泡沫之形成。

(七)加糖：會阻礙泡沫的形成，但糖可阻止拌打過頭。

(八)加水：使蛋白稀釋較易拌打，但對拌打蛋白穩定性下降。

第六節　蔬菜類

蔬菜含有各種不同的顏色，如葉綠色、胡蘿蔔素、葉黃色、番茄
紅，花青素、二氧嘌基。

葉綠素在酸中變差，在鹼中變綠，但不宜加鹼會使得蔬菜中維生素
B_2流失。

胡蘿蔔素、葉黃素、番茄紅素不受酸、鹼、熱影響、花青素、二氧
嘌基在酸中很好，酸中顏色會變好，鹼中顏色變差，因此烹調洋蔥、紫
高麗菜、茄子時可加入白醋使白色更白、紫色更紫。

蔬果經切割及酪胺酸會因酪胺酸酶作用產生黑色色素而有褐變的現
象，因此應將蔬果切割後泡水，或水中加入酸、糖、鹽可抑制褐變。

製作沙拉時，爲保持葉狀蔬菜清脆宜泡冰水，吃前才加入沙拉醬。

對於澱粉質高的蔬菜，如芋頭、馬鈴薯宜煮軟或過油，使澱粉容易
糊化。

第七節　油脂類

　　油脂不溶於水但溶於有機溶劑中，密度比水小，在常溫時液體者稱
為油，固體或半固體者稱為脂。

　　油脂主要由脂肪酸與甘油組成三酸甘油酯，少量游離脂肪酸、磷脂
類、固醇類、脂肪醇、胡蘿蔔素、脂溶性維生素。

　　由油脂中脂肪酸、碳原子之間之鍵接可分為下列幾種：

一、油脂之分類

(一)飽和脂肪酸

　　所謂飽和脂肪酸是指碳與碳原子之間均為單鍵，一般動物食物除魚
油外，如肉類均含較多的飽和脂肪酸。飽和脂肪酸高的油適合油
炸，但吃多會引發心血管疾病。

(二)不飽和脂肪酸

　　碳與碳原子之間有雙鍵者稱為不飽和脂肪酸，又分為單元不飽和脂
肪酸、雙元不飽和脂肪酸與多元不飽和脂肪酸，當有一雙鍵者稱為
單元不飽和脂肪酸，有二個雙鍵者稱為雙元不飽和脂肪酸。含二
個以上雙鍵者稱為多元不飽和脂肪酸，植物性油除椰子油與棕櫚油
外，含較多不飽和脂肪酸。不飽和脂肪酸多的油不適合高溫油炸，
易氧化引起油脂敗壞。

(三)反式脂肪酸

　　將不飽和脂肪酸加氫鍵使它變成飽和，它的熔點降低，與飽和脂肪
酸接近，食用太多反式脂肪酸的食物會造成血液中低密度脂蛋白、
膽固醇量上升，會使冠狀心臟病、糖尿病、癌症的危險性增高。美
國在2006年開始規定在食品中要標明反式脂肪酸的含量，建議民
眾不要選擇含有反式脂肪酸高的食物，所用的油宜用液體或較軟的
油，用硬的植物奶油反式脂肪酸含量高。

　　衛生署在2007年規定食品要標明反式脂肪酸，每100公克之食物中

不得超過0.3公克。

油脂所含飽和、不飽和脂肪酸之比例如圖6-1～6-4：

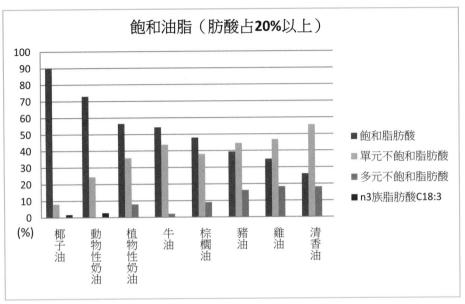

圖6-1　各式油脂成份

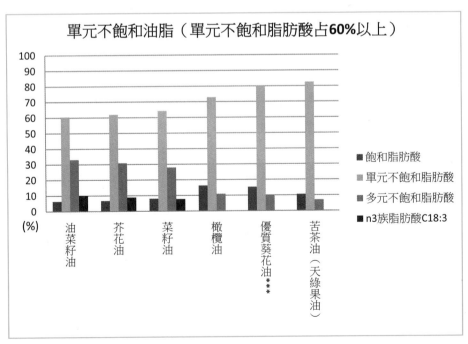

圖6-2　各式油脂成份

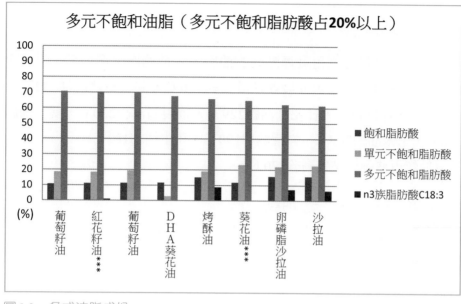

圖6-3　各式油脂成份

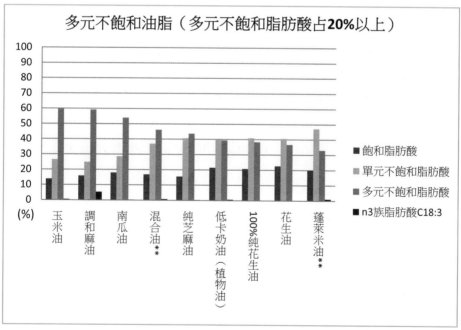

圖6-4　各式油脂成份

二、發煙點

油脂烹調時宜選用發煙點高的油脂，各種油脂之發煙點，由高至低排列，其中以蓬萊米油發煙點最高約250℃，其次為烤酥油232℃，大豆沙拉油約245℃，紅花籽油約229℃，精製豬油約220℃，葵花油約210℃，玉米油約207℃，橄欖油約190℃，花生油約162℃。

油炸用油發煙點要高於170℃。

三、游離脂肪酸之測試

當油炸時，可用酸價試紙檢驗，當酸價試紙中四格藍色有一格變黃，代表游離脂肪酸占1%，有二格變黃代表有1.5%之游離脂肪酯，有三格變黃代表有2%游離脂肪酸，已代表油脂劣變。

四、油脂氧化

油脂長期暴露於空氣中，與空氣中的氧結合會產生過氧化物，產生醛、酮對人體有害的物質，產生不良氣味，稱為油耗味，油耗味為油脂不良之重要指標。許多人喜歡吃油炸或煎炒食物，油在高溫加熱會產生許多過氧化物，長期食用對健康沒幫助，油脂氧化速度在不飽和脂肪酸高時氧化會加速，溫度越高也會加速氧化，因此宜收存於陰涼處。

五、油炸用油之檢測

油炸用油應測試溫度，油炸時之溫度不能低於170℃以下，並用總極性物質分析儀來測試。

六、濾油粉

各國濾油粉成分不同，美國之濾油粉（Cargill）含97%合成矽酸鎂，3%硫酸鈉；日本是由矽薄土（diatomaceous earth）作成。

濾油粉主要之功用是過濾雜質，使油較為清澈，並可消除油脂之泡沫。

七、市售各種油脂之特性

(一)葡萄籽油：由葡萄籽萃取，含葡萄多酚及維生素E，發煙點高達252℃。

(二)大豆油：由黃豆製成，發煙點245℃，油炸不宜超過4小時以上。

(三)烤酥油：發煙點232℃，為油炸用油。

八、餐飲業油炸使用注意事項

(一)同一油鍋最好只炸一種產品，因炸不同產品會有不同血水會造成油脂水解加速。

(二)油炸時應將懸浮物過濾，游離脂肪酸超過2%或油炸油之極性物質含量占25%時將油倒出，即換新油。

(三)選用穩定性好的油炸油，不同時放於陰涼乾燥不能放在日光直射處，遠離熱源，用畢後立即蓋緊瓶蓋。

(四)油要分裝，容器應保持乾燥。

九、減少消費者攝取丙烯醯胺

由於油炸食品含高成分丙烯醯胺，為使消費者減少攝取丙烯醯胺應用下列方法：

(一)減少油炸食物，以清蒸、水煮代替油炸。

(二)管控食物烹調溫度，盡可能控制在120℃以下。

(三)勿煮過頭，不要將食物烤焦，越焦黑的食物丙烯醯越多。

十、油脂加熱後之變化

油脂加熱後會經氧化，聚合、水解產生不同的物質，如經氧化作用會產生過氧化氫而再分解為醇、醛、酸；經聚合產生三酸三油酯；經水解產生游離脂肪酸，甘油雙酯、甘油單酯、甘油。（如圖6-5）

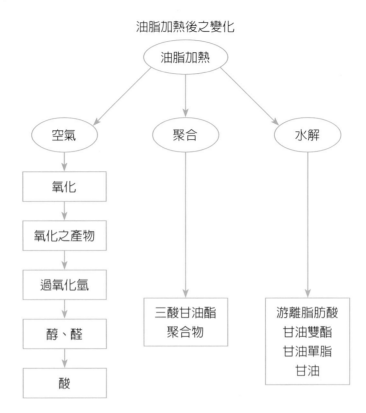

圖6-5　油脂加熱後之代謝產物

第八節　黃豆

　　中國人在四千多年前就開始以黃豆爲食物，它是短照植物，當白晝變短時，它才開花結果，它栽種在緯度30～45度的地區，它的根爲瘤狀，根瘤菌與黃豆共生，具有固定氮的能力，黃豆主要生長於美國（占51%）、巴西（占19%）、阿根廷（占10%）、中國大陸（占58%）。

一、黃豆的營養成分

　　黃豆含豐富的蛋白質、脂肪及少量醣類、礦物質、維生素，現分別介紹之：

(一)蛋白質

黃豆蛋白質占40%，含有八種人體所需的必需胺基酸，含豐富的離胺酸，若與米類、麵類含離胺酸少的穀類共食時可補不足的離胺酸，提高其生理價值。

(二)脂肪

黃豆脂肪含20%，其中不飽和脂肪酸占85%，飽和脂肪酸占15%，不飽和脂肪酸中油酸（oleic acid）占24%，亞油酸（limoleic acid）占54%，亞麻酸（linolenic acid）占7%，大豆油脂中含有卵磷脂（lecithin），為很好的乳化劑，具有抗氧化性。

(三)醣類

黃豆的醣類占7%，其中纖維素和半纖維素占17%，粗纖維素占5%。

(四)礦物質

黃豆的礦物質占6%，含豐富的鉀、鈉、鈣、鎂、磷、硫、碘。

(五)維生素

黃豆含豐富的維生素B_1、B_2、菸鹼酸、泛酸。

二、黃豆的用途

黃豆所含的蛋白質可製作成豆餅、食用豆粉、工業用豆粉，油脂可作為食用油、工業用、卵磷脂，如圖6-6：

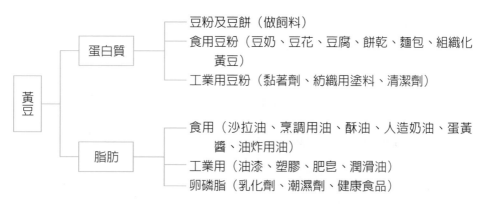

圖6-6　大豆的用途

四、黃豆油

黃豆經過脫膠、脫酸、脫色及脫臭處理所製出來，再經煉製成如圖6-7：

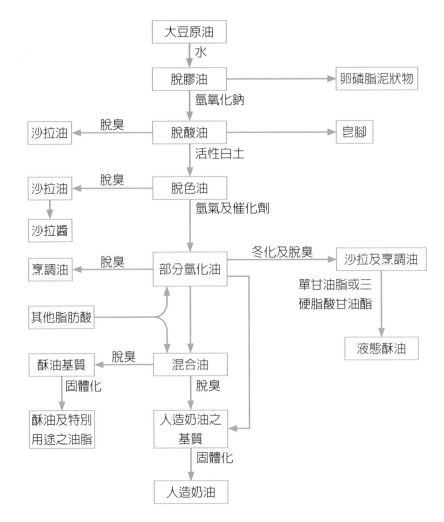

資料來源：Handbook of Soy Oil Processsing and Utilization, AOCS/ASA（2012）

圖6-7 大豆油及其產品之製造流程圖

第七章

食物儲存

第一節　庫房設備與管理

　　食品採購回來之後須經過適當的存放，才能延長食品的鮮度。

　　食材分爲乾料、新鮮材料，乾料放乾料庫房，新鮮材料則放於冷藏庫及冷凍庫，食物的儲存基本上分爲溫度管理、濕度管理時間管理與空間管理，現分述於下：

一、庫房的溫度與相對濕度（如表7-1）

表7-1　庫房的溫度與相對濕度

庫房的類別	溫度	相對濕度
乾料庫房	5～22℃	40～60%
冷藏庫	0～7℃	85～95%
冷凍庫	-18℃以下	75～85%

二、庫房的設備

　　團體膳食所用的庫房大都採步入型的庫房，所用的設備如下：

㈠應以圓棒形金屬架，較不易藏污納垢。

㈡金屬架之深以45公分，高180～190公分，二層間35公分。

㈢金屬架離地15～20公分，離牆至少5公分，常取用之貨品放於70～140公分。

㈣現今廠家爲方便食物解凍，常做一間冷凍冷藏房間，內部爲冷凍庫，外爲冷藏庫以方便將冷凍食材前一天移至冷藏室解凍。

㈤大型冷凍、冷藏室宜設有警鈴設備，以防人被反鎖。

三、庫房管理

㈠採先進先出（first in first out）

　　先進貨者先撥發，進新貨時宜將舊貨搬下，新貨排於架上，舊貨放外。

㈡入庫前登記數量或秤重，檢查是否受損。

㈢入庫前在原來包裝上記錄食材種類、部分、切割外形。

㈣隨時保持庫房乾淨。

㈤良好的庫房管理，一物一卡，記錄食材之進貨、出貨及結存。

㈥冷凍食品入庫前應堅硬如石，包裝緊密，沒有泛白乾燥的現象，大的食材應讓它四邊接觸冷空氣。

㈦冷凍食品應前一天拿至冷藏庫解凍，若當天解凍宜放密封塑膠袋再泡水，切忌將食材直接泡水。

㈧每日檢查冷藏與冷凍庫溫度二次，以防溫度失調造成食材損壞。

第二節　各類食物的儲存變化及注意事項

介紹各類食物的儲存變化及注意事項

一、五穀根莖類

㈠五穀根莖類儲存的變化

五穀根莖類在相對濕度75%以上時，呼吸作用增加，加速腐敗，因此不能放於潮濕環境下。

五穀根莖類本身水分含量不能超過14%，如果超過14%則易發霉。

㈡注意事項

選購時應注意本身水分不能超過14%，儲存溫度在15℃以下，相對濕度75%以下，隨時保持儲存室乾燥。

二、蔬菜水果類

㈠儲存的變化

蔬果在收穫後仍受溫度、濕度、氧氣、二氧化碳影響。儲存水分蒸散則會凋萎，濕度太高則易腐敗。

(二)注意事項

蒜頭、洋蔥、香蕉不宜存放冰箱，蒜頭、洋蔥會發芽，香蕉會變黑，宜放室溫。

較厚皮的蔬菜，如南瓜、冬瓜未切開之前放室溫，切開後放冰箱冷藏，皮薄之瓜果類、葉狀蔬菜宜放冰箱冷藏。

三、肉類

(一)儲存之變化

肉類宜冷藏或冷凍，經貯放後重要會因水分散失而減少，顏色由氧化肌紅蛋白，變成了變性血紅蛋白；冷凍過程會將寄生蟲殺死。

(二)注意事項

肉類經冷藏後蛋白質會因酵素作用分解成較小的分子，使肉嫩度增加。但冷凍則因酵素作用被抑制沒有辦法使肉嫩度增加，冷凍肉類最不能控制的是油脂氧化，會產生油耗味。

四、魚類

(一)儲存之變化

魚類因頭鰓及內臟含細菌，存放前宜將頭鰓、內臟除去，速冷藏或冷凍。

(二)注意事項

海鮮為保有其鮮度，宜盡速去不可食部分冷藏與冷凍。

五、蛋類

(一)儲存之變化

蛋類儲存時會因水分流失使它有收縮現象，水分由蛋白至蛋黃使它有液化現象，蛋黃膜很容易破裂，經存放後鹼度增加，蛋白的PH值為7.6變成9，蛋黃PH值由6變成6.8。

(二)注意事項

　　蛋買回來應盡速用掉，去殼的蛋宜冷藏不宜冷凍，因冷凍會使蛋黃中的脂蛋白結塊，若要冷凍則應將蛋黃加入少許細砂糖或鹽，解凍後才不至於有結塊的現象。

六、油脂

(一)儲存之變化

　　高溫、光線、空氣會加速油脂氧化，金屬亦會加速氧化，因此油脂不能放在銅、鐵之容器，不能放在高溫或陽光直射處。

(二)注意事項

　　炸過的油會產生聚合物，若超過檢測值游離脂肪酸超過2%，可用酸價試紙做檢測，當試紙有四格藍色中有二格變成黃色時，代表酸價已超過標準，宜將油回收給廠商做肥皂。

　　不能將油用來炸不同的食物，因各種不同的油會加速酸敗。

　　很多團膳公司沒有廢油，因當天炸肉類就將油作拌蔬菜用掉。

七、奶類

(一)儲存之變化

　　除奶粉與保久奶之外，各種奶類均含有基本的細菌，因此有一定的存放時間，液體奶超過儲存時間會酸敗，常用來做蔬果種植之肥料，煉奶儲存時乳糖與酪蛋白結合，產生梅納效應，因此煉乳存放時每隔一個月應翻面儲存。

　　奶粉儲存時，宜存放一定時間，開罐後盡速用掉，以免氧化產生酸敗，鮮奶只能冷藏，不宜冷凍，因其中脂蛋白會凝固導致脂肪破裂，造成脂肪球結凍。

(二)注意事項

　　奶粉宜存放緊密容器中，放室溫陰涼處；鮮奶冷藏後於保存期限內盡速用掉。

第三節　時間管理

一、**應在食品保存期限內用完**：確保食品品質如五穀根莖類應密封，放於陰涼乾燥處，以免蟲害。

二、**乳製品**：依包裝上之溫度及時間存放，乳製品為液體者如鮮奶儲存期限短。

三、**肉、魚、蛋類**：除蛋應冷藏之外，其餘肉類、魚類宜冷凍或冷藏，有肥肉的部分不宜超過3個月，因冷凍無法使油脂氧化停止。

四、**蔬果**：有一定時間，新鮮蔬果用量多最好每天進貨，每天使用掉。

五、**調味料**：調味類儲存時間較長如鹽、味噌等每天用量多者可較大量進貨。

第四節　空間管理

儲存的庫房宜用不鏽鋼鐵架，可依庫房擺置需求安排。

貨物架之貯放，乾料庫房須離地、離牆，冷藏與冷凍庫須有不鏽鋼等將食物貯放於上，依先進先出之原則來撥發。

第八章

團體膳食設備與用具

工欲善其事，必先利其器，團體膳食製備要有好的產品必須有好的工具，現依選購設備與用具應注意事項及不同設備用具選購要訣列於下

第一節　選購設備與用具應注意事項

一、選購適合用途的設備與用具

依所要用的用途來採買設備與用具，要成品酥脆宜選用開放式油炸機，要成品多汁則選用密閉式油炸機。

二、要有好的材質

團膳製備出大量食物，宜選用鋼板較厚的不鏽鋼設備，因它耐沖刷，鋼板宜在1.5mm厚度以上，四周之不鏽鋼板可在1.0mm厚度。

三、構造簡單易拆卸、清洗

早期進口的飲料機有很多零件，丟了一個小零件則須靠進口才可更換，現今設備大都一體成形，容易清洗。

四、省時、省力

以符合人體工學者為宜，省時省力，如切碎機、切片機、切絲機只用一臺主要馬達，按上不同的刀片可切割不同的材料，既省時又省力。

五、良好設計

宜在曲徑3公分之弧度，成圓弧形，不易藏污納垢，不論壓力鍋、蒸氣鍋、油炸鍋須有解壓的設計，以免壓力太大造成爆炸。

六、多功能性

一臺設備宜有多功能性，如蒸氣烤箱有蒸烤兩用之特性。

七、合於衛生安全

製作的設備與用具，不能為有毒的材質，絕不可使用鋁製之材質。絞肉機須用木製壓棍，不能用手壓會，否則會造成手入絞肉機之悲劇。

八、詳細的規格說明

應有使用的電壓說明，不宜由歐美進口設備，常因電壓不符合國內需求而不能使用。

九、合理價格

有時一臺設備具有多功能性，但使用頻率不高反而造成浪費。

十、應考慮放入工作區域內總電壓是否足夠

由於工作區域總電壓量不足，增加設備會有不能運作之苦。

十一、考慮現在供應與未來發展之需

餐飲設備與用具應考慮未來發展之需，以免擴散時沒空間。

第二節　不同用途的設備與用具選購需知

一、儲存設備

應有下列儲存設備

(一)乾料庫房

乾料庫房應用不鏽鋼鐵架，兩層之間的金屬架視物品的高度來調整，常用的物品放於離地70～140公分之處，不鏽鋼架須離地15公分，離牆5公分，寬度宜45公分，高度不宜超過180～190公分。

(二)冷藏庫

冷藏庫以步入型的爲主，溫度在0～4℃，內放不鏽鋼鐵架，下有排水管線。

(三)冷凍庫

以步入型爲主，溫度在-18℃以下，內放不鏽鋼架。

二、製備設備

(一)工作臺面

以不鏽鋼爲主，工作臺面之不鏽鋼厚度1.5～2.0mm，高度80公分，腳架15公分，依工作員工的身高事調整。

(二)水槽

槽內爲曲徑3公分圓弧形，以免藏污納垢，水槽高度80公分，腳架15公分，深度30～45公分，當洗碗用深度30公分，洗蔬菜將濾槽架上則深度45公分。

三、刀具

刀具以不鏽鋼刀爲宜，由於材料量大，大都用機器切割，刀具具輔助性質。

四、砧板

砧板分爲木頭或塑膠製，以塑膠製爲宜，白色切熟食，紅色切生肉，綠色切蔬菜，藍色切海鮮，黃色切乳酪，咖啡色切醃燻類。
砧板每月宜選擇一天浸泡200ppm消毒水，即用20cc漂白液加5,000cc水，將塑膠砧板浸泡後，再用清水洗淨。

五、切割機器

只用一個馬達，可帶動不同刀片，切割或不同食材，如放入切絲刀片則切成絲，放入切片刀片則切成片。

六、烹調設備

(一)中式爐灶

大都加裝鼓風爐，抬面上又有出水口，旁有貯油鍋，烹調操作較髒。

(二)西式爐灶

工作乾淨，臺面操作簡單，沒有出水口污染。

(三)蒸氣鍋爐

由蒸氣煮好熱水，烹煮時直接加入熱水，因此可使大量的食物馬上煮熟。

(四)油炸機

分為開放式與壓力式，若要成品酥脆則用開放式，成品多汁則採用壓力式，採用瓦斯加熱快，採用電力則可保持恆溫。

七、供應設備

(一)冷供應臺面

一般簡單的為一容器，內可裝冰塊，下有排水孔，將食物放入冷藏式的冰櫃中保冷。

(二)熱供應臺面

有二種，一為乾式，另一種為濕式，乾式則為電熱板，很乾淨易清理，濕式則加熱水，中間有電熱線，每月須排水並清理乾淨。

八、洗滌設備

洗滌設備分高溫與低溫，以高溫為宜才能清除油垢，依團膳要洗的東西多寡分為單門、雙門或輸送帶式，要放入洗碗機時盤子的殘渣先沖洗，再將要洗的碗具排入不能重疊，洗好後自動會噴乾精，再放入儲存櫃中。

九、用具材質

(一)塑膠

我們日常生活中很多器皿為塑膠材質，超過60～85℃塑化劑就會釋出，塑化劑吃多了會導致乳癌，下表為塑膠產品之材質，耐熱度及常用的產品，在餐飲製作時應用合格的不鏽鋼材質（304.18-8；430.18-0）或耐熱溫度高的陶器。

政府在2015年年底前擬全面禁用保麗龍杯，因保麗龍為聚苯乙烯發泡製成，遇熱會產生有毒性的苯乙烯，對人造成心律不整，損害肝腎功能，出現頭痛、疲勞、虛弱的症狀，長期食用會致癌。（如表8-1）

表8-1　塑膠產品的材質

塑膠材質號碼	材質	耐熱溫度（℃）	產品
♳	聚對苯二甲酸乙二酯（PET）	60～85	寶特瓶、油瓶、飲料瓶
♴	高密度聚乙烯（HDPE）	90～110	塑膠代、半透明或不透明塑膠瓶
♵	聚氯乙烯（PVC）	60～80	調味罐、保鮮膜
♶	低密度聚乙烯（LDPE）	70～90	塑膠袋、半透明或不透明塑膠代
♷	聚丙烯（PP）	100～140	布丁盒、豆漿瓶、水杯
♸	聚苯乙烯（PS）	70～90	泡麵碗、冰淇淋盒、養樂多瓶
♹	聚碳酸酯（PC）聚乳酸（PLA）	PC：120～130 PLA：-50	PC：嬰兒奶瓶、水杯 PLA：冷飲杯、冰品杯

資料來源：食品藥物管理署

團體膳食管理與製備

(二)不鏽鋼

日系不鏽鋼有304、18-8或430、18-0之編號304、18-8是指不鏽鋼中含有18%的鉻和8%的鎳，430、18-0是指不鏽鋼中含有18%的鉻但不含鎳，如果有200系列之不鏽鋼編號如201、204、206即以錳來取代鉻與鎳，不屬於食器，臺灣菜市場賣的大都屬於錳製造不適合當食器。

第九章

餐飲業員工壓力與職業安全

第一節　員工的壓力

一、壓力的定義

壓力是身體為滿足需要的產生一種非特異性的生理反應，也就是個人面對刺激時，為重新恢復正常的均衡狀況時所做的反應。

工作壓力是指個人在工作情境中，所承受到的負面壓力感受。工作壓力是個體與工作環境交互作用，個體與環境間的差距失衡而導致，工作壓力會產生威脅、挫折、緊張、不愉快負面情緒，長期負面情緒會導致身心疾病。壓力取向有下列三類：

(一)刺激取向

當生活事件使得個人生活失去平衡，個體為恢復均衡狀態，必須付出體力和精神來調適。

(二)反應取向

心理、社會文化、環境刺激會引發壓力，個體無法面對壓力時會產生緊張、長期於壓力下，會導致生理疾病，可分為三階段：第一階段為警覺階段，即個體遇到環境準備逃避或應付；第二階段為抵抗，即個體將原來緊張、焦慮化為抵抗；第三階段即耗竭階段，個體因資源有限，因壓力存在而漸耗竭。

(三)互動取向

工作壓力為個人與環境互動，即壓力是環境刺激和個體互動結果，個人可利用的資源不足時壓力繼續存在。

二、壓力的理論模式

分為壓力之基本模式與壓力之循環模式：

(一)壓力之基本模式

壓力之基本模式從內容而言分為四部分：即壓力源、壓力、個別差異及壓力反應。壓力源來自環境壓力，災變事件、生活改變、生活

瑣事、心理因素。壓力是個人主觀的認知、評價和知覺，壓力反應則產生生理、心理及行為之反應。

(二)壓力循環理論

即分為壓力來源、個人知覺、因應反應及結果。壓力來源有期望、缺乏時間、薪水、工作負擔、人際關係、干擾事件；個人知覺即個人認知；反應則分為社會、身體、智能、環境、人際、管理、態度；結果即生理或心理的疾病。

由上述兩種壓力模式可歸納出：

1.壓力源

來自不同方向，有生活、環境、災變、生活瑣事、心理狀況等。

2.壓力的認知與評估

個體感受到壓力對其造成威脅與傷害時才會形成壓力。

3.壓力反應

依個人有差異，會產生不同的因應策略，如人際支援、生心理適應、環境改變、情緒管理均可減緩或消除壓力。

4.壓力結果

壓力無法處理，長期下來會造成生心理傷害而引發疾病。

5.壓力是循環性的

長期壓力會對個人在生活工作上產生負面影響，而成為下一個壓力來源。

餐飲業員工工作時間長，一般中式餐廳常為兩頭班，即早上9點至12點，下午5點至10點，員工常因與正常人的作息時間衝突而與家人相聚不易，造成工作壓力，現依序介紹壓力的定義、理論模式工作壓力來源、協助員工紓解壓力的方法，另一方面員工的職業安全亦須加以探討。

一、員工壓力來源

餐飲業員工的壓力來源主要因素、可能後果如表9-1：

表9-1　員工壓力來源

壓力來源	主要因素	可能後果
工作條件	工作能力不足 無法作好工作決策 對緊急事件無法解決	生產力低落 精神受挫 緊張
角色壓力	角色模糊 角色衝突	焦慮 過於敏感
人際關係	缺乏被接納與支持 長官對員工不關心	孤獨、無法參與團隊 人際退縮
職業發展	升職或降職 抱負受挫	失去自信 工作滿意度下降
組織系統	制度不健全 員工無法參與決策	有挫折 對工作不滿意
家庭系統	婚姻出現危機 經濟有危機	焦慮 身心疲備

第二節　協助員工紓解壓力

一、敞開溝通管道

員工要有溝通管道，可向直屬長官反映。

二、適才適用

依員工的能力放到正確的位置。

三、建立合理的考核

建立合理的考核，讓員工知道自己的目標。

四、把握重點對員工作考核

針對重點對員工作考核，是管理重點。

五、員工應做職前訓練

讓他了解組織的目標、規範、工作內容，並與組織成員有良好互動。

六、長官善於寬容

雖有規範，但要以寬容態度來面對員工的過失，讓員工有改正之機會。

七、多鼓勵少責罵

員工才可積極向上。

八、了解員工家庭問題

成立危機處理，給予員工身心靈補救之機會。

九、安排員工休假

依勞基法規定安排員工休假，可與家人有相聚機會，紓解壓力。

第三節　團膳容易發生的職業傷害及其預防方法

2007年勞工研究所之研究顯示，餐飲業勞工常發生的災害有刀傷、燙傷、扭傷、滑倒、絞肉機事件、火災、刀傷、化學性、噪音、油煙等傷害。現就職業傷害及其預防敘述於下：

一、容易發生的職業傷害

(一)刀傷

員工常不小心有切割之刀傷。

(二)燙傷

團膳常拿取煮好的菜餚，最容易燙傷。

(三)扭傷或滑倒

由於場地濕滑，若穿的鞋子為皮底易造成滑倒而扭傷。

(四)絞肉機事件

團膳常使用絞肉機，員工常用手壓肉，沒想到絞肉機有吸力，將手吸入絞肉機內將手攪碎了。

(五)火災

員工常留母火或工作場域抽油煙機沒定期清理，長期累積很多油垢，當火到一定燃點會造成火災。

(六)化學性

化學性的物品盡可能不用或不放置在工作場所。

(七)噪音

廚房常因炮爐起動、抽油煙機、烹調時鍋鏟撞擊、切割食材產生很大噪音。

(八)油煙

廚師暴露高油煙中，對於肺部疾病有傷害。

二、職業傷害預防方法

(一)刀傷之預防

使用適當的刀具來切割食材，必要時應配戴防止割傷的安全手套。

(二)燙傷之預防

穿著標準鞋，應為有鋼片保護的鋼頭鞋，衣服應為棉質，遇到燙傷應先用冷冰水沖涼，速送醫，若有水泡不宜撕下表皮，會產生感染。

(三)扭傷之預防

　　工作場地宜用防滑磁磚，保持工作場地乾燥，排水應有良好設計，員工的鞋子應能有防滑設計。

(四)絞肉機事件

　　最好採購已絞好的肉，若自己要絞肉，要教育員工使用攪肉棍，不能用手壓肉，因機器有吸力會造成手被壓碎之事故。

(五)火災預防

　　要定期清理油煙罩之油垢。員工不能留母火，每次用完鍋子之母火一定熄滅。廚房設有警報器，有火災之前兆時，如油煙、溫度太高，警報器會響。定期檢查消防滅火器，教導員工使用。

(六)化學性預防

　　化學品包裝容器上應有清楚的標示，如化學物品的成分，使用方法及注意事項，使用化學物品應有適當的防護設施，如手套、安全眼罩、口罩。

(七)噪音之預防

　　採用低音量之器具，工作人員盡可能動手不動口。

(八)油煙之預防

　　採用污染性較少的熱源，使用加蓋密煮的烹調設備，以蒸、煮、燉取代油炸，將烹調區與前處理區隔開可降低油煙污染的人員。

第十章

營養午餐

臺灣由1957年起由美國援助牛奶與麵粉，在屏東縣山地門開始提供學童營養餐食，現在國小、國中、高中均為小孩的健康提供營養午餐，教育部為各級學校營養午餐訂立了標準。

一、營養午餐目標

㈠提供安全衛生、營養均衡之午餐。
㈡增進營養知識、樹立正確飲食觀念。
㈢培養良好飲食習慣、涵養合宜用餐禮節。
㈣培養感恩精神、建立自治管理能力。
㈤改善營養狀況、促進身心健全發展。

一、營養午餐管理委員會之組成

由學校午餐實施辦法中，學校供應午餐須成立學校午餐委員會，委員會由校長、各處主任、營養師、相關組長、教師代表及處長代表組成，校長為主任委員，執行祕書由營養師擔任，未置營養師者，由教師或職員擔任，每學習召開委員會議2次，必要時得召開臨時會議。

三、營養午餐之經營模式

臺灣營養午餐之經營模式有五種，即公辦公營、公辦民營、合辦公營、合辦民營、民辦民營等模式。

㈠公辦公營

政府出設備之規別及經費，由校內老師編組，設置午餐工作執行小組。

㈡公辦民營

政府規別，由各校遴選午餐承包商，進貨校內廚房。

㈢合辦公營

由鄰近學校成立學生午餐委員會，成立中央廚房，由校方組成午餐委員會共同管理。

(四)合辦民營

由鄉近學校成立午餐委員會，由廠商入駐來經營。

(五)民辦民營

依法規評選合格廠家，由多家盒餐供應學童午餐。

四、學童之營養需求

(一)國小

熱量1～3年級670卡，4～6年級770卡。

蛋白質1～3年級22公克，4～6年級26公克。

脂肪1～3年級20公克，4～6年級23公克。

鈣1～3年級270毫克，4～6年級330毫克。

鈉1～3年級800毫克，4～6年級800毫克。

(二)國中

熱量860卡，蛋白質30公克，脂肪26公克，鈣400毫克，鈉960毫克。

(三)高中

男生熱量970卡，蛋白質34公克，脂肪30公克，鈣400毫克，鈉960毫克。

女生熱量750卡，蛋白質25公克，脂肪23公克，鈣400毫克，鈉960毫克。

五、午餐食物內容

(一)國小

1.1～3年級：

全穀根莖類每餐4.5份（未精緻穀類1/3以上）、低脂奶類每週供應3份、豆魚肉蛋類每餐2份、蔬菜類每餐1.5份、水果類每餐1份、油脂與堅果種子類每餐2份。

2.4～6年級：

全穀根莖類每餐5份（未精緻穀類1/3以上）、低脂奶類每週3份、豆魚肉蛋類每餐2份、蔬菜類每餐2份、水果類每餐1份、油脂與堅果種子類每餐2.5份。

(二)國中

全穀根莖類每餐5.5份（未精緻穀類1/3以上）、低脂奶類每週3份、豆魚肉蛋類每餐2份、蔬菜每餐2份、水果每餐1份、油脂與堅果種子類每餐2.5份。

(三)高中

1.男性：

全穀根莖類每餐6.5份（未精緻穀類1/3以上）、低脂奶類每週3份、豆魚肉蛋類每餐2份、蔬菜類每餐2份、水果類每餐1份、油脂與堅果種子類每餐3份。

2.女性：

全穀根莖類每餐4.5份（未精緻穀類1/3以上）、低脂奶類每週3份、豆魚肉蛋類每餐2份、蔬菜類每餐2份、水果類每餐1份、油脂與堅果種子類每餐2.5份。

六、衛生署訂立之校園飲品及點心販售範圍

(一)學校午餐設計原則

1.「學校午餐食物內容及營養基準」（2012年）（如表10-1）

表10-1　學校午餐營養建議量

	國小		國中	高中	
	1～3年級	4～6年級		男生	女生
熱量（卡）	670	770	860	970	750
熱量的基準：以男女DRIs稍低一適度熱量平均值之2/5					
蛋白質（克）	22	26	30	34	25
蛋白質的基準：占熱量平均值16%					
脂肪（克）	20	23	26	30	23

	國小		國中	高中	
	1～3年級	4～6年級		男生	女生
脂肪的基準：占熱量平均值≦30%					
鈣（毫克）	270	330	400	400	400
鈣的基準：以男女DRIs平均值之1/3					
鈉（毫克）	800	800	960	960	960
鈉的基準：以建議量之2/5					

(二)學校午餐每日食物內容（國小）（如表10-2）

表10-2　學校午餐每日食物內容目標值

食物種類	國小1～3年級	國小4～6年級
全穀根莖類	4.5份／餐	5份／餐
	未精緻1/3以上 （包括根莖雜糧：如糙米、全大麥片、全燕麥片、糙薏仁、紅豆、綠豆、芋頭、地瓜、玉米、馬鈴薯、南瓜、山藥、豆薯等）	
	全穀根莖類替代品（甜不辣、米血糕等），不得超過2份／週	
乳品類（低脂）	每週供應3份	每週供應3份
豆魚肉蛋類	2份／餐	2份／餐
	豆製品2份／週以上，包括毛豆、黃豆、黑豆或其製品（如豆腐、豆干、干絲、百頁、豆皮）	
	魚類供應至少1份／週	
	魚肉類半成品（各式丸類、蝦捲、香腸、火腿、熱狗、重組雞塊等），供應不得超過2份／週	
蔬菜類	1.5份／餐	2份／餐
	（深色蔬菜必須超過0.5份）	（深色蔬菜必須超過2/3份）
水果類	1份／餐	1份／餐
油脂與堅果種子類	2份／餐	2.5份／餐

(三)學校午餐每日食物內容（中學）（如表10-3）

表10-3　學校午餐每日食物內容目標值

食物種類	國中	高中（男）	高中（女）
全穀根莖類	5.5份／餐	6.5份／餐	4.5份／餐
	未精緻1/3以上 （包括根莖雜糧：如糙米、全大麥片、全燕麥片、糙薏仁、紅豆、綠豆、芋頭、地瓜、玉米、馬鈴薯、南瓜、山藥、豆薯等）		
	全穀根莖類替代品（甜不辣、米血糕等），不得超過2份／週		
乳品類（低脂）	每週供應3份	每週供應3份	每週供應3份
豆魚肉蛋類	2.5份／餐	3份／餐	2份／餐
	豆製品2份／週以上，包括毛豆、黃豆、黑豆或其製品（如豆腐、豆干、干絲、百頁、豆皮）		
	魚類供應至少1份／週		
	魚肉類半成品（各式丸類、蝦捲、香腸、火腿、熱狗、重組雞塊等），供應不得超過2份／週		
蔬菜類	2份／餐	2份／餐	2份／餐
	（深色蔬菜必須超過2/3份）		
水果類	1份／餐	1份／餐	1份／餐
油脂與堅果種子類	2.5份／餐	3份／餐	2.5份／餐

七、午餐設計注意事項

(一)全穀根莖類：

宜多增加混合多種穀類，如：糙米、全大麥片、全燕麥片、糙薏仁、紅豆、綠豆、芋頭、地瓜、玉米、馬鈴薯、南瓜、山藥、豆薯等。

(二)豆魚肉蛋類：

1. 主菜富有變化，不全是雞腿、豬排等大塊肉，盡量少裹粉油炸。

2. 提高豆製品食物，可作為主菜、副菜或加入飯中。

3. 提高魚類（包括各式海鮮）供應，不建議油炸。

4. 盡量不使用魚肉類半成品（各式丸類、蝦捲、香腸、火腿、熱

狗、重組雞塊等）。

(三)蔬菜類：每日都有2種以上蔬菜。

(四)其他：

　　1.公告菜單以六大類食物份量呈現，除菜名外，列出菜餚之食材內
　　　容（如炒三丁：玉米、紅蘿蔔、毛豆），具教育意義。

　　2.菜色（主菜、副菜）有變化，油炸每週不超過2次。

　　3.國民中小學學校午餐供應之飲品、點心應符合「校園飲品及點心
　　　販售範圍」之規定，不得提供稀釋發酵乳、豆花、愛玉、布丁、
　　　茶飲、非100%果蔬汁等。

　　4.避免提供甜品、冷飲，若要提供以低糖之全穀根莖類為宜（如：
　　　綠豆薏仁湯、地瓜湯、紅豆湯等），且供應頻率1週不超過1次；
　　　若為冷飲，注意冰塊衛生安全性。

　　5.盡量提供其他高鈣食物，如黑芝麻、豆干、小魚乾、蝦皮等。

　　6.避免使用飽和脂肪酸及反式脂肪酸含量高之加工食品。

八、學校午餐食物內容及營養基準說明

(一)基準訂定依據為國人膳食營養素參考攝取量修訂第七版（2011年）
　　及每日飲食指南（2011年）。

(二)考慮實際菜單設計之可行性及方便性，每類食物供應量可於每週間
　　調整，平均每日供應量在建議值±5%以內。

(三)午餐食物設計供應以目標值為主，若執行上有困難則至少達到階段
　　值；並鼓勵學生在其他餐次攝取水果及牛奶，符合每日飲食指南建
　　議量。

校園飲品及點心販售範圍

> 94年2月28日臺體㈡字第0940011247C號、衛署食字第
> 0940400364號公告
> 94年10月6日臺體㈡字第0940107043C號、衛署食字第
> 0940406833號公告修正

一、國中以下學校校園飲品及點心販售應遵循下列規定：

㈠飲品及點心食品一份供應量之熱量應在250大卡以下，其中由脂肪所提供之熱量應在30%以下（但鮮乳、保久乳、蛋及豆漿得不受上述脂肪熱量比例限制）；添加糖類所提供之熱量應在10%以下（但優酪乳、豆漿之添加糖量得占總熱量之30%以下）；鈉含量應在400毫克以下；校園烘焙食品（麵包、餅乾、米製品）油及糖所提供熱量之總和不得超過總熱量之40%，且油、糖個別所占之熱量亦不得超過總熱量之30%。

㈡前款用語定義如下：

1. 飲品：指純果（蔬菜）汁、鮮乳、保久乳、豆漿、優酪乳、包裝飲用水及礦泉水等7種液態食品。

2. 點心：指用於補充正餐之不足，且含有適量蛋白質及其他營養素之食品；其熱量較正餐為少，具有補充營養及矯正偏食之功用。

3. 糖類：指單醣、雙醣之總稱。

4. 鮮乳：指生乳經加溫殺菌包裝後冷藏供飲用之乳汁，並合於CNS3056之鮮乳定義者。

5. 保久乳：指生乳經高壓滅菌或超高溫滅菌後，以瓶（罐）裝或無菌包裝供飲用之乳汁，並合於CNS13292之保久乳定義者。

6. 優酪乳：指符合國家標準CNS3058之濃稠發酵乳或凝態發酵乳之規格，非脂肪乳固形物（MSNF）含量達8%以上，且添加之糖類所提供之熱量低於總熱量之30%者。

7.豆漿：指符合國家標準CNS11140之豆奶規格，粗蛋白質含量在2.6%以上，且添加之糖類所提供之熱量低於總熱量之30%者。

8.純果（蔬菜）汁：指符合國家標準CNS2377之純天然果汁、純天然蔬菜汁及綜合純天然果蔬汁規格者。

9.包裝飲用水：指以密閉容器包裝可直接飲用之水，符合國家標準CNS12852之包裝飲用水規格者。但不包括礦泉水及添加礦物質與二氧化碳之碳酸飲料水類產品。

10.礦泉水：指以密閉容器包裝可直接飲用之天然礦泉水，並符合國家標準CNS12700之包裝礦泉水規格者。但不包括添加礦物質製成之飲用水。

二、高中職學校校園飲品及點心販售，學校應依據「學校餐廳廚房員生消費合作社衛生管理辦法」第13條第一項及第二項規定辦理，且於午餐時間不得販售影響正餐之飲品與點心。

三、完全中學校園飲品及點心販售，應比照國中以下學校規定辦理。但其高中部與國中部之員生消費合作社及自動販賣機分屬獨立者，不在此限。

四、各校應加強教導學生辨識營養標示，學習熱量計算及選擇均衡飲食等營養教育之實施。

九、營養午餐食物保留

學校每天應將午餐之食物密封保留一份，冷藏（0～7℃）至少48小時，以供應必要時做檢體之用。

十、營養午餐廚房從業人員應符合規定

㈠雇用前應有公立醫院核發的健康合格證明。

㈡在雇用期間開學前一個月接受健康檢查，未接受健康檢查者，予以輔導，必要時應予以解雇。

(三)健康檢查項目包括X光、血清、皮膚、糞便檢查。

(四)從業人員如出疹、膿瘡、外傷、肺結核、傷寒、肝炎及腸道傳染，因而可能造成疾病傳染，不得從事與食品接觸之工作。

十一、營養教育課程之設計

營養午餐提供膳食須符合教育局之規範，考慮小孩身心健康給予營養餐食，須針對老師、家長、學童做營養教育，才能推動成功。

(一)針對老師與家長

1.應做食物分類及各類所含營養成分表

讓老師與家長了解食物分類及各類食物的營養成分。

2.各類食物營養素簡易代換表

讓老師與家長了解食物代換表，了解食物代換表所含的意義。

3.了解現代人罹患的疾病及如何從小改善飲食

如現代人最易罹患大腸癌，應多吃蔬菜水果。蔬果宜生食不宜煮熟後食用。每日五蔬果，即三份蔬菜二份水果。從小養成多吃蔬果的觀念，因有些家長認為吃大魚大肉才是良好的飲食習慣，須由改變家長觀念才是正源之道。

(二)針對學童的營養教育

1.教導吃飯禮儀：如感恩種菜、做菜的人，不是挑剔做菜的人做出來的菜不好吃，了解中西餐吃飯禮儀。

2.認識各種食物的分類及營養價值

3.了解多吃蔬果對身體的益處。

4.安排節慶用食及食物的特色

5.介紹不同國家的料理

十二、中央廚房的人員編制及工作職責

學校若設有中央廚房、人員編制如下：

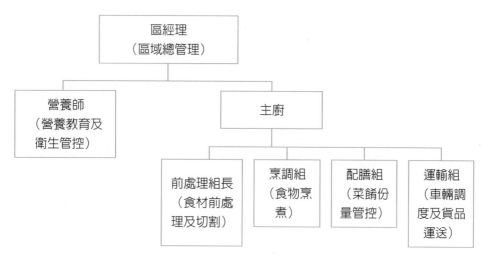

中央廚房人事編制及工作職責

十三、營養午餐成本控制

一般營養午餐之成本人事費用占20%，水電瓦斯占4%，營養教育占2%，營業稅占7%，雜支占2%，主食占3%，副食（三菜一湯）占46%，水果占14%，利潤約2～3%。

第十一章

餐盒業與中央廚房

第一節　餐盒業

民以食爲天，近年來由於生活型態改變，女性外出就職，外食成爲國人飲食生活重要的一環，學生與上班族常以餐盒爲飲食的方式。行政院衛生福利部統計食物中毒事件有上升的趨勢，其中以供膳營業區、學校、食品工廠外燴區居多，因此對於團膳機構餐盒業於1998年開始輔導執行HACCP制度至2014年全臺灣統計已有186家做HACCP認證，在政府團膳機構標案中有HACCP認證則在評比中有加分，現將餐盒業之經營敘述於下：

一、菜單規劃

(一)依所要供應對象的營養需求做熱量調配。

(二)利用資訊系統開立菜單及食物份量。

(三)菜單做良好的菜色搭配。

二、原料採購

(一)採購有良好檢驗的食材

如生鮮肉品、冷凍豬肉、雞肉須有CAS標誌；調理食品亦須有CAS認證，新鮮蔬菜須有吉園圃標章，以防農藥殘留；調味料應有正字標記或GMP政府檢驗合格的產品。

(二)供應商之遴選

請供應商提供樣品，經採購單位提交到品保人員檢驗產品，若產品合格，比價後再通知廠商送貨，不合格則通知廠商改善，改善後再向公司申請評鑑。

(三)材料驗收

品管部門依照各類食材驗收規範，制定食材驗收標準。

供應商依規定時間送貨過磅，核對送貨單、品名及送貨數量。

(四)合格與不合格品

合格品則予以驗收入庫及註明驗收日期，不合格品則退貨。

三、庫房管理

(一)採先進先出。

(二)作好各類食品的溫度與濕度管理。

(三)物品分類存放。

(四)保持庫房環境清潔衛生。

(五)各類食品有良好的管理：如冷凍食品送達時應先檢查冷凍車宜在-18℃，所送來的食品外包裝應牢固無破損，不能超出有效期限，重量與包裝上的標示相符；新鮮蔬菜應新鮮，有光澤，沒有腐爛，無嚴重之蟲害；蛋類進貨應符合標準，新鮮蛋蛋殼乾淨無重污染，液態蛋應在0～7℃，有完整包裝；豬肉有彈性，無瘀血，表面色澤正常，冷藏肉0～7℃，冷凍肉-18℃以下；米之外包裝乾淨，標示完整清楚；罐類食品包裝完整，標示清楚；油脂類包裝完整，清澈，無油耗味；餐盒外包裝無破損，印有「隔餐勿食」之字樣。

四、清洗過程

(一)原料於前處理過程不能直接接觸地面。

(二)各類食物分別在所屬洗滌槽清洗，用專用容器盛裝。

(三)清洗結束立刻清洗現場，將固體廢棄物收走。

五、解凍、切割及醃漬

(一)生鮮肉類及海鮮處理完，應將砧板、刀具、容器立刻清洗。

(二)肉類經解凍、切割、醃漬後放冷藏庫備用。

六、烹調管理

(一)食物調味少用食品添加物，若使用食品添加物亦要用合法的種類與

數量。

（二）製作時避免生熱食交互污染。

（三）烹調區不得放置清潔劑及化學藥品。

七、供應

（一）注意份量一致，不可份量不一致。

（二）注意供膳餐具之衛生管理。

（三）抽樣保存：生產的便當每天抽三個成品，一個交檢驗室檢驗，二個留樣本，存於0～7℃保存48小時，當發生食物中毒事件時，供複驗之用。

八、環境管理（如表11-1、11-2）

（一）廠房宜分為清潔區、準清潔區、一般作業區與非食品區。

（二）廠房保持清潔，若有破損則立刻修補。

（三）保持地面乾淨，排水暢通。

表11-1　每日衛生管理檢查及改善紀錄表

年　　　　月　　　　日

檢查項目		等級判定			缺失內容	改善通知單號碼	改善確認
		合格	不合格				
			輕微	嚴重			
廠區	廚餘、垃圾收集後，當日清運處理，若有剩餘未處理的，皆須加蓋待隔日清除						
	廠房出入口應隨時關閉						
	地面不滑且不積水。工作臺面乾淨、不油膩						
	輸送帶、裝便當塑膠籃等乾淨無積水						

檢查項目		等級判定			缺失內容	改善通知單號碼	改善確認
		合格	不合格				
			輕微	嚴重			
配膳、緩衝區	地面不滑且不積水，不鏽鋼牆洗淨之後不得有油斑、污漬殘留						
	包裝臺面、輸送帶、傳送帶、手指噴霧器等清洗乾淨						
	排水溝及排水出口網罩清潔無菜渣殘留、地面不滑且不積水						
烹飪區	工作臺面、蒸汽迴轉鍋、蒸汽煮飯機、洗米機、攪拌機、炒菜鍋、灶爐等清洗乾淨不油膩，不鏽鋼供應盤洗淨後應立起晾乾						
	排水溝及排水出口網罩清潔無菜渣殘留						
冷凍、冷藏庫	冷凍、冷藏之物品擺放整齊且符合衛生標準						
	冷藏在0～7℃；冷凍在-18℃以下並每日記錄溫度變化						
	庫內食品妥善包覆以防止冷凝水滴落污染食品						
	冷藏庫中不得有外包裝						
原料處理場	地面、四槽式水槽不油膩						
	刀具按顏色區分正確使用，切割食品之前須以75%酒精消毒						
	使用後之砧板、刀具清理乾淨，儲放於紫外線殺菌箱內						
湯桶保管室	地面不滑且不積水						
	容器具清洗後存放於湯桶保管室架子上滴乾						

檢查項目		等級判定			缺失內容	改善通知單號碼	改善確認
		合格	不合格				
			輕微	嚴重			
洗滌場	所有食品容器須使用三槽式洗滌機洗滌並以80℃之熱水殺菌,量測水溫在80℃以上						
	洗完後地面、雙槽式水槽、三槽式洗碗機不殘留菜屑,無油膩感,且器皿存放於湯桶保管室整齊放置滴乾						
人員衛生	全體員工穿著規定工作服,衣帽整齊潔淨,帽沿須包覆所有髮絲						
	手部徹底清洗,不留指甲,不塗指甲油,不配戴飾物,人員不蓄留鬍鬚且不得有膿瘡或皮膚病						
	接觸熟食人員應戴拋棄式手套進行作業,並使用75%酒精消毒手部。若碰觸或搬運其他物品之後,應重新以酒精消毒或立即更換手套才可再度接觸食物						
	個人物品不能帶入作業區內,且於清潔作業區中人員,應戴口罩遮蓋口鼻防止飛沫污染食品						
	工作中不得有裸背、赤腳、吸煙、嚼食檳榔、口香糖及飲食等可能污染食品之行為						
	作業人員若有傳染性疾病,應調離食品作業現場,待確認痊癒之後才可回到食品處理單位						

檢查項目		等級判定			缺失內容	改善通知單號碼	改善確認
		合格	不合格				
			輕微	嚴重			
其他	筷子、餐盒不得使用長霉、破損之劣質品，隨時保持庫房清潔、儲存完善						
	食品及食品容器，嚴禁使用非食品級洗劑洗滌						
	所有清潔劑、消毒劑及打掃用具應固定存放於清潔用品保管室						
	浴塵室牆壁、地面及出風口保持清潔狀態，空氣濾網若髒污應立即更換						
	清毒室的水槽及地面保持清潔，補充足量洗手乳液、擦手紙巾、手套和口罩						
	男女更衣室保持清潔，個人衣物放置整齊						
	檢驗室維持地面、桌面、儀器整潔						
	運輸車輛內外保持清潔狀態						
	各清潔作業區之人員作業行進方向應由清潔度高處往清潔度低處行進（清潔→準清潔→一般）						
	各類機械保養維修工具及潤滑油等，一律不得放置食品之作業場所中						
	外包材未去除前禁止進入準清潔作業區						
	所有食品原料、成品、食品包材等，不可直接放置地面，應離牆離地5cm						

檢查項目	等級判定			缺失內容	改善通知單號碼	改善確認
	合格	不合格				
		輕微	嚴重			
所有清洗後的食材、熟食及所有食品用器具不可直接置於地面						
廠房對外的塑膠簾清洗乾淨						
金屬檢測器檢測功能正常						
各區排（入）風口的紗窗濾網洗乾淨						

品管課長：　　　　　　　　衛生管理員：

表11-2　臺北市餐盒食品業衛生評鑑標準內容說明資料

項目	評鑑內容說明	重要缺點	主要缺點	一般缺點
從業員工衛生管理	1.從業人員應健康檢查，檢查項目：肺結核、手部皮膚病、A型肝炎、傷寒等；從業期間每年健康檢查一次，並保有完整紀錄	（從業人員若有書面證明具A型肝炎IgG抗體者不須每年重驗A型肝炎）		⑴人員未全部體檢 ⑵體檢項目不全
	2.每年至少接受衛生講習一次		內部自行訓練及講習資料	未達半數以上員工
	3.中餐烹調人員應持有中餐烹調技術證照（70%）			未達70%
	4.作業場所入口前應設置員工專用更衣室，並保持清潔衛生		未設置	設置地點不適或未保持清潔

項目	評鑑內容說明	重要缺點	主要缺點	一般缺點
從業員工衛生管理	5.從事食品製作之員工應穿戴整齊清潔的工作衣帽，頭髮須有效覆蓋或戴網帽			(1)頭髮未完全覆蓋 (2)未著白色工作衣帽或不乾淨
	6.進入各作業場所及調製食物前應洗手，離開作業場所或如廁應除去工作服，進入工作場所再穿工作服及洗手		未洗手及穿工作衣離開工作場所及再進入未洗手	(1)無離開時放置工作衣場所 (2)再進入作業場所時未洗手
	7.工作中人員應隨時保持乾淨的雙手，注意洗手的時機，不得蓄留指甲、塗指甲油及戴飾物			(1)手未保持乾淨 (2)蓄留指甲 (3)塗指甲油 (4)戴飾物
	8.調製食品時禁止飲食、吸菸、嚼檳榔及嬉戲笑罵等行為		喝水例外，但以不影響食品品質為原則	有本項目內任何一項行為者
	9.從業人員手上有傷口時，應經過適當地包紮和處理後，始能工作，並避免參與食品製作	未包紮從事接觸食品工作	有包紮但從事接觸食品工作	
	10.直接接觸或處理不經加熱即行食用之食品配膳人員，雙手應徹底洗淨及消毒，穿戴清潔的不透水手套與口罩，並防止與原料、不潔器物接觸後再處理熟食品	未洗手消毒及戴手套與口罩從事處理即食食品工作		

項目	評鑑內容說明	重要缺點	主要缺點	一般缺點
	11. 設置衛生管理人員，專責每日衛生檢查工作		未設置衛生管理人員，專責衛生檢查工作	
廢棄物處理與病媒管制	12. 作業場所不得發現蟑螂、老鼠、蚊蟲等病媒及其蹤跡		烹調與包裝配膳區發現病媒。或其他作業區病媒數量大於三隻以上	發現病媒蹤跡（如排泄物）
	13. 作業場所（含前處理、烹調製備場所、配膳區等），應有防止及排除病媒或其他有害動物措施（如空氣簾等）			無防止及排除病媒設施或其他設施不堪用
	14. 環境衛生用藥與用具、化學藥劑等應有專櫃（專區）存放，專人管理，不得放於食品處理區或食品儲存區	領用及使用紀錄名冊。	環境衛生與化學用藥放於食品作業區。	(1) 環境清潔用具放於食品作業區 (2) 無專區與專人管理
	15. 有效及定期的病媒防治措施（備消毒紀錄）			易腐敗廢棄物未備消毒紀錄
	16. 廢棄物依性質分類集存，易腐敗者，密封放置於食品調理區以外之區域等待清理		易腐敗廢棄物未密封及分類，並放於食品處理區（非作業時間）	易腐敗廢棄物未密封或分類

項目	評鑑內容說明	重要缺點	主要缺點	一般缺點
作業場所設施規劃、維護與管理	17.作業場所作業動線規劃應兼顧操作習慣及衛生安全，依清潔程度要求的不同劃分作業區域，並適當地分區隔離（如行政區、更衣室、物料驗收、物料前處理、物料儲存區、製備烹調區、熟食切割區、配膳包裝區、餐盒出貨區、清洗區、廢棄物處理區）	未依清潔程度劃分作業區域，或有分區但未有效隔離、尚有嚴重污染之疑慮	有分區但不適當或動線順序不對	至少分6區：行政、更衣室、驗收、前處理、清洗、廢棄物處理，物料儲存，製備烹調、熟食，配膳包裝，出貨區
	18.處理或調製食品的設施（工作臺、灶臺、冰箱、清洗槽、工具櫃、各類容器等）應為易清洗、不納垢、無毒材質製品			有任何易納垢或不易清洗之器材或設施
	19.設層架、推車分別用於放置食品及物料等，並避免生熟食交叉污染	層架及推車數量須足夠使用。	未設層架、推車分別用於放置食品及物料等，或有生熟食交叉污染情形	有設層架、推車分別用於放置食品及物料等，但維護物料交叉污染之管理不當
	20.各作業場所使用之器具、容器應有固定處所放置，用後與用前均應保持清潔，用後並應歸定位			(1)使用之器具、容器無固定處所放置 (2)使用前後有不潔情形，用後未歸定位

項目	評鑑內容說明	重要缺點	主要缺點	一般缺點
作業場所設施規劃、維護與管理	21.作業場所應設置有蓋、防漏、易清洗的垃圾桶、廚餘桶，垃圾及廚餘應適當分類存放及適時清理	建議使用腳踏式垃圾桶（尤其配膳包裝區）		(1)作業場所廢棄物桶無蓋、破損、不潔等任何一項 (2)廚餘，垃圾未分類存放及適時清理
	22.各作業場所之地面、牆壁、天花板等應保持清潔，避免積水或濕滑		前處理積水、烹調區油滑、配膳區潮濕	各作業場所地面、牆壁、天花板等有任何一項不潔、積水或濕滑
	23.作業場所排水設施須通暢，應有截流設備、防逆流及防病媒入侵之設施			(1)排水設施不通暢 (2)無截流設備、防逆流、防病媒入侵之設施
	24.作業場所照度：一般作業區100 LUX、工作臺面200 LUX以上，並有防護措施			(1)照明光度不足 (2)無防護設施
	25.制定衛生自主檢查表，並每日衛生檢查（保留3個月備查）。	留意記錄正確及完整性。	未制定衛生自主檢查表及未每日衛生檢查	(1)未制訂衛生自主檢查表 (2)未每日衛生檢查
用水衛生與洗手及其設備的管理	26.儲水、供水設備，水質不受污染及有適當的保護措施（如防逆流）並有定期清洗		清洗紀錄	(1)儲水、供水設備，水質無適當的保護措施 (2)未定期清洗

項目	評鑑內容說明	重要缺點	主要缺點	一般缺點
用水衛生與洗手及其設備的管理	27.處理食品的作業場所之入口處應有洗手及清毒（或乾手）設備，各分區的作業場所（如前處理區、烹調區等）應於適當處所設洗手及消毒（或乾手）設備，其設施須適當地維護及可用	入口處或各區的作業場所內無洗手及消毒（或乾手）設備	有洗手及消毒（或乾手）設備，但維護不佳	場所入口處、配膳區入口或附近，烹調區、前處理區找適當處所
	28.洗手處所應備液體清潔劑，並標示洗手圖示或掛圖		無液體清潔劑及無標示洗手圖示或掛圖	無標示洗手圖示或掛圖
	29.洗手要遵守「濕、搓、沖、捧、擦」的要訣，從手指、手掌到手肘（包括可能碰觸到食物的地方）			未遵守「濕、搓、沖、捧、擦」的要訣洗手
	30.衛生管理人員應確實督促處理食品之人員洗手的時機： (1)進入工作場所開始工作前 (2)觸摸未烹調食品（生食）、不潔器物後 (3)如廁後 (4)吐痰、打噴嚏或其他可能污染手部清潔之行為後 (5)處理垃圾、擦地板或休息過後	未洗手而接觸不再加熱即食之食品，或其他生熟食交叉污染的行為	手部未清洗乾淨即接觸食品	(1)應洗手時未洗手 (2)手部不乾淨接觸食品物料

項目	評鑑內容說明	重要缺點	主要缺點	一般缺點
	31.切割熟食或即食食品作業區應有完善的洗手及消毒設備，並有乾淨手套與口罩備用	無洗手及消毒設備	(1)有設置但地點不適當、未保持整潔 (2)未使用乾淨手套及口罩	手套及口罩放置處應有櫃子
	32.廁所須與各工作場所有效區隔，不得設於作業區內，以防污染食品	廁所設於作業區內		
食品及其原料之採購、驗收、處理及儲存	33.設置固定的驗收區，作業中不得有驗收物料情形		未設固定的驗收區及在作業中驗收物料	(1)未設固定的驗收區 (2)作業中有驗收物料情形
	34.運送水產品、肉類等易腐敗原料之貨車，應隨時保持清潔及有適當的冷藏（凍）設備	請送貨廠商提供照片及CAS或GMP證明	運送易腐敗原料之貨車無適當的冷藏（凍）設備	運送易腐敗原料之貨車不潔
	35.驗收完成之物料或半成品應盡速貯藏於符合衛生規定之處所（乾貨或冷凍庫房），以防止受到污染			驗收完成之物料或半成品放於驗收區未處理且有交叉污染情形
	36.冷凍、冷藏類食品溫度控制：冷藏食品溫度為攝氏0℃～7℃間，冷凍食品溫度為攝氏-18℃以下；並可由冰箱外部檢視溫度及保持清潔	自主管理檢查表須有紀錄或另設計紀錄表放冷凍藏庫外	冷（凍）藏食品品溫不符規定及無法由冰箱外部檢視溫度	(1)冷（凍）藏食品品溫不符規定 (2)或無法由外部檢視溫度

項目	評鑑內容說明	重要缺點	主要缺點	一般缺點
食品及其原料之採購、驗收、處理及儲存	37.冰箱盛裝食物不得超過最大裝載線或最大裝載量,以保持冷凍、冷藏之效果			冰箱盛裝食物超過最大裝載量
	38.冷凍（藏）庫應設層架管理,食品物料、半成品等應分類、分區,不放地面、先進先出,標示入庫時間	注意設層架管理及分區、分類等	冷凍（藏）庫未設層架管理、食品物料、半成品等未分類、分區存放,標示入庫時間及放於地面	(1)冷凍（藏）庫未設層架管理 (2)食品物料、半成品等未分類、分區存放 (3)物料等食品放於地面 (4)未標示入庫時間
	39.食品添加物須為食品級,以專櫃貯放及使用紀錄	含調味料區。		(1)食品添加物非食品級 (2)未以專櫃貯放及無使用紀錄
	40.乾貨類食品物料存放場所須通風良好、低溫、乾燥、清潔,並設層架分類、離牆、離地管理,以先進先出為原則,入庫須標示日期		乾貨類食品物料存放場所通風、低溫、乾燥、清潔等不佳及未設層架分類、離牆、離地管理,且未以先進先出為原則,入庫未標示日期	(1)乾貨類食品物料存放場所通風、低溫、乾燥、清潔等不佳 (2)未設層架分類、離牆、離地管理 (3)未以先進先出為原則,入庫未標示日期
	41.各類原料之處理應分類、分區或分時,並有專責處理人員	各類物料如全部均有CAS或GMP的證明加1分	各類物料處理未分類、分區或分時及無專責處理人員	(1)各類物料處理未分類、分區或分時 (2)無專責處理人員

項目	評鑑內容說明	重要缺點	主要缺點	一般缺點
食品及其原料之採購、驗收、處理及儲存	42.冷凍食品解凍方式及條件應正確（冷藏解凍、流動涼水解凍、微波解凍），避免暴露於室溫下解凍，食品解凍及處理應避免與各類原物料交叉污染		冷凍食品解凍方式與條件不正確及各類物料有交叉污染的情形	(1)冷凍食品解凍方式與條件不正確 (2)各類物料有交叉污染的情形
	43.前處理完成備用的物料應妥善放置，避免交叉或二次污染			前處理完成存放備用的物料有污染情形
	44.用於洗滌食品與洗滌食品容、器具的清洗設備，不可同時或混合使用			洗滌食品與洗滌食品容、器具的水槽混合使用
	45.與食品製作有關之任何物料、半成品、成品、餐盒、器具、容器等均不得放置地面		盛裝烹調完成之菜餚的容器放於地面，或盛裝餐盒之容器（籃框）放地上	(1)盛裝物料的容器放於地面 (2)或與食品製作有關之器具或容器等放於地面
食品烹調與製備的衛生管理	46.製備及烹調的動線應依不同清潔度之要求做規劃：備料區→烹調區→備膳放置區	製備及烹調的動線未依不同清潔度之作業程序作規劃	製備及烹調的動線規劃不完善，烹調完成之菜餚有受污染的機會	
	47.清潔衛生、乾燥及舒適的作業環境，處理與烹調食物所使用的設備，排列整齊及有足夠操作的作業空間		烹調場所不潔、積水、濕滑、凌亂，且無足夠的作業空間	(1)烹調場所不潔、積水、濕滑、凌亂 (2)無足夠的作業空間

項目	評鑑內容說明	重要缺點	主要缺點	一般缺點
食品烹調與製備的衛生管理	48.食物製備使用中之器具、設備等應隨時保持清潔	注意容器二次使用的清潔程度	食物製備使用中之器具、設備等不潔並與物料接觸	食物製備使用中之器具或設備等有不潔情形
	49.盛裝物料與熟食之容器或設備應以顏色明顯區分，防止生熟食交叉污染（烹調完成之菜餚不可受污染）		盛裝物料與熟食的容器或設備未以顏色明顯區分，導致容器等混用	
	50.切割生、熟食物的刀具及砧板應分開使用，防止生熟食交叉污染，切割熟食品時應戴乾淨手套及口罩	(1)切割生、熟食物的刀具及砧板未分開使用 (2)切割熟食品時未戴乾淨手套與口罩		
	51.與食品製備無關之任何物品不可放置於烹調製備區內			與食品製備無關之物品放置於烹調製備區
	52.烹調區的煙設施應有良好的效率及防止空氣污染設施（如水洗、過濾），並經常保持清潔			烹調區排煙設施與效果不良，或未保持清潔
	53.備料區及烹調區應隨時保持清潔，避免太多食物殘渣、垃圾等留置工作臺上及地面			(1)備料區及烹調區不潔 (2)烹調區地面與工作臺有食物殘渣、垃圾等

項目	評鑑內容說明	重要缺點	主要缺點	一般缺點
餐盒配膳與包裝的衛生管理	54.餐盒配膳包裝區應規劃為獨立的作業場所，並有良好的作業動線，避免導致與物料、半成品或其他器具、容器有交叉污染之機會	配膳區未規劃為獨立的作業場所及良好的動線，導致與物料、半成品或其他器具、容器有生熟食交叉污染之疑慮	配膳區有規劃為獨立的作業區但動線不良與密封性不足，仍有生熟食交叉污染之疑慮	
	55.配膳區入口處應有洗手及清毒設施，可隨時提供作業員工之洗手，備有乾淨手套與口罩供使用	(1)配膳區入口處無洗手及清毒設施 (2)未備有乾淨手套與口罩供使用	(1)配膳區入口處有洗手設施但不完備，或位置不適當 (2)手套與口罩放置地點有污染的疑慮	
	56.配膳區應隨時保持清潔，地面保持乾燥、舒適的作業環境，照度200 LUX以上，溫度保持低於攝氏25℃	最好備溫濕度計	配膳區不潔、潮濕，照度不足200 LUX以上，溫度高於攝氏26℃	(1)地面等處不潔、潮濕或照度不足200 LUX (2)溫度高於攝氏26℃
	57.待配膳之食品應設層架做暫存放置，避免污染（如放於空調系統出風口下，地面上、遭機械性或化學性污染等危害）	配膳之食品未設層架暫存放置及暴露於有導致污染的位置	配膳之食品未設層架暫存放置	
	58.配膳人員手套應適時更換： • 接觸非食品後 • 離開作業場所之後再進入 • 使用過程中破損時			配膳人員手套未適時更換導致配膳食品遭污染

項目	評鑑內容說明	重要缺點	主要缺點	一般缺點
餐盒配膳與包裝的衛生管理	59.使用非自製之組合食品應為符合（GMP）或CAS認證之食品廠商，並有定期的支持文件證明品質		組合食品非符合GMP或CAS認證的食品廠商或無支持文件證明品質	組合食品有支持文件證明品質，但文件支持性不足（如檢驗項目、時間）
	60.包裝完成之餐盒應規劃出貨的暫存區域，設棧板或層架設置，不得放於地面		餐盒出貨的暫存區域未設棧板或層架放置，並放於地面	(1)餐盒出貨的暫存區域未設棧板或層架放置 (2)有盛裝餐盒之容器放於地面
其他衛生管理事項	61.用於包裝菜餚之紙餐盒應為衛生署評鑑合格之廠商製造或經衛生檢驗合格之產品，並有專區存放不得有污染之疑慮		餐盒非衛生署評鑑合格廠商製造或非經衛生檢驗合格之產品	無專區存放有污染之疑慮
	62.有專用之餐盒運送車輛，並保持乾淨清潔，具密閉性功能；運送人員須穿著清潔之工作衣帽			(1)運送餐盒之車輛未保持乾淨清潔，未具密閉性 (2)無保溫功能 (3)運送人員穿著之工作衣帽不潔
	63.運送餐盒之車輛應為專用，不得與運送生鮮或其他物料車輛共用		(1)無運送餐盒之專用車輛 (2)與生鮮物料共用	運送餐盒之車輛專用但不潔
	64.餐盒貯放及運送之時間、數量、地點及人員等資料應完整記錄及保存一個月以上備查	登記單據或簽收單。		餐盒運送之時間、數量、地點、人員等資料未完整記錄及保存

項目	評鑑內容說明	重要缺點	主要缺點	一般缺點
其他衛生管理事項	65.餐盒上應印廠商名稱、地址、製造日期及食用時間等，以供判定製造時間（四小時）	中晚餐餐盒不可混用	餐盒上未印上廠商名稱、地址、製造日期及食用時間等	未印上製造日期及食用時間
	66.菜單設計應符合健康營養原則（參考教育部「研訂學校午餐食物內容及營養基準」專案計畫內容）	今年列為評鑑參考有作到則加分	(1)蔬菜類食物每日不足100公克（生重） (2)蛋豆魚肉類食物超過兩餐2兩（生重）	(1)國小固定訂購（月訂）者，水果類每週2份（含）以下 (2)油脂類提供之熱量不得超過總熱量之30%（以一週中供應之平均值計算）
	67.印製餐盒菜單應標示食物份量或營養成分，且保留三個月備查			餐盒之菜單未標示食物份量或營養成份
	68.每日製造完成之菜餚，應分類各留存100公克於冷藏冰箱48小時，並詳實記錄備查	如以整個餐盒留存也可	(1)菜餚未留存及無詳實紀錄備查 (2)菜餚以冷凍方式留存	(1)菜餚有留存但未分類 (2)無詳實的記錄資料
	69.所生產之餐盒食品在本次衛生評鑑結果確定前應不得有抽驗複檢不合格者	所生產之餐盒食品，經抽驗複檢不合格		

＊評標準判定原則：

以缺點之嚴重程度作為合格與不合格的判定標準，有一項或折合一項以上重要缺點的缺失則判定為不合格，各類缺點如評鑑標準表中所述（一項重要缺點＝二項主要缺點＝四項一般缺點，以此類推）。

團體膳食管理與製備

九、垃圾及廚餘

(一)每日清倒垃圾。

(二)每日回收廚餘。

(三)每學期請專業廠商清除蟑螂、老鼠。

十、運送車輛

(一)運送餐盒車輛每週至少清洗外部一次,每日清洗內部。

(二)疊放成品宜穩固。

第二節　中央廚房

　　臺灣連鎖食品店日益增加,為確保所供應的食品品質,須設立中央廚房、現將中央廚房設置的優點、硬體規劃、管理事項敘述於下。

一、設置優點

(一)降低成本

由於大量採購,可達到單位成本降低的功效。

(二)原料、半成品及成品品質一致性

由於使用品牌一致,須確定原料、半成品、成品之品質一致,才不會使消費者對成品不信任。

(三)降低人力成本

可做成半成品、成品使賣場成品一致,製作的人力降低。

(四)提高工作效率

由於中央廚房已完成大部分工作,在販賣點人力精簡、工作效率提高。

(五)降低損耗

由於中央廚房大量製作可降低食物的損耗。

二、中央廚房環境

中央廚房須選擇工業區，不能在住宅區，四周環境要保持乾淨，並設有良好的排水系統，保持暢通。

三、中央廚房場地規劃

中央廚房的場地基本上應分為一般作業區、準清潔作業區、清潔區、非食品處理區、各區的規定如下：

(一)一般作業區

即食品驗收庫存地區及食品前處理區污染區，一般規定照明光度為110米燭光，平均菌落為500個。

(二)準清潔區

即烹調區，光度在200米燭光，菌落50個以下。

(三)清潔作業區

即包裝區，應設有金屬檢測器，光度在540米燭光，菌落數在30個以下。

(四)非食品處理區

包括更衣室、辦公室、品管室

各區地板應用empoxy（凡亞塑膠）染上不同的顏色來區分各區，以作為各區污染程度之區分，在各區工作的員工亦應穿上不同顏色的衣服，以免人員造成交叉污染。

四、工廠場地防污措施

(一)須有消毒設備

員工進入工廠時須有消毒程序，穿戴整齊後進入廠區須經消毒槽，並經空氣浴塵室將身上污物吹走，手部噴酒精消毒。

(二)牆壁和地面

牆壁、支柱面應為白色或淺色，地面須以平滑不透水、耐洗之材料

鋪設，隨時保持乾淨。

(三)天花板

天花板應有空氣濾塵設施，不能有因潮濕引發的發黴現象。

(四)出入口窗戶及其他孔洞

應用易清洗、不透水的材料。應裝置防止病媒入侵的設施。

(五)排水系統

應有不同污染度之排水系統，由清潔區流向污染區，排水溝應有防止固體廢棄物流入的設施，出口處應有防止病媒入侵的設施。

(六)良好的通風

工作場地應有良好通風與排氣，不得有油垢堆積的現象。

(七)洗手設施

有足夠的洗手設施，現今採用感應式的洗手設施較不易污染，須備有清潔劑、紙巾、烘手器以防止清洗過的手部遭受污染。

(八)水源

須用自來水，蓄水池應防止受到污染，每年至少清洗一次做成紀錄。

五、中央廚房的經營

(一)產品標準化

中央廚房需要將各項產品標準化，讓員工容易依標準配方就可做成同一品質的產品。

(二)產品研發

不斷創新研發產業所需的新產品，讓主管或消費者試吃，再訂立標準。

(三)訂立採購規格

食材種類繁多須訂立所要產品之食材規格。

(四)採購有統一標準，統一採購

將採購標準訂好，同一類食材定期採購，儲存性高者可一次大量採

購，新鮮蔬果可天天送貨。

(五)製作標準化

將每道菜以100人份為標準訂立材料食材、規格、製作、成品儲存均標準化。

(六)正確儲存

儲存應在冷藏庫（0～7℃）一星期用完，冷凍（-18℃）在1～2個月內用完。

(七)運送系統通暢

應用適當溫度，如冷藏物宜用0～7℃冷藏庫，冷凍宜用-18℃冷凍車。

(八)隨時檢查庫存

避免存貨長期沒用而成呆帳。

(九)隨時檢討

由於中央廚房所做產品行銷各點，應由各銷售點之營運檢討改善。

第十二章

航空餐

臺灣自1987年開放天空政策，航空公司的運量大幅成長，海外旅遊越來越普遍，出國旅遊越來越受到重視，因此航空公司的整體品質也越來越受到重視。航空餐飲是指飛機在航程中提供給乘客的餐飲，一般由航空公司自己製作或由指定的供應商即空廚來完成，航空餐點在空廚製作完成後，在飛機起飛前運送到飛機客艙中存放，由空服人員於飛航中提供給乘客，依供餐時間可分爲早、午、晚餐、宵夜，就依不同國籍可分中、日、美等，航空餐更須重視安全。航空餐飲的外觀、份量、新鮮度及空服員提供的餐飲服務，也受到重視，航空餐飲之特點、設計考慮因素，敘述如下：

第一節　飛機餐之特色

飛機餐是指民航飛機在航程中供應給乘客的餐飲，一般由指定供應航機的廠商所供應，由廠商製作，起飛前直接運送到航機。每家航空公司有其訂餐的特色與品質標準。

一、餐食供應種類

飛機餐的餐點分爲素食餐、兒童餐、宗教餐、病理餐、其他特殊餐，素食餐分爲蛋奶素、不含蛋素之全素、蔬菜餐；兒童餐包括嬰兒餐、兒童餐；宗教餐包括印度餐、回教餐、猶太餐；病理餐包括糖尿病，低膽固醇、低卡路里、低蛋白、低鹽、高纖、無乳糖餐、無麩質餐、軟質餐；其他餐有水果餐、海鮮餐、無牛肉餐、幸福雙人套餐。

航空餐飲會因航線不同而有不同的供餐，歐美線以西餐爲主，東南亞線以中式料理居多，頭等艙及商務艙以高級餐飲爲供應方式，機上餐飲以不添加味精，不含骨頭、魚刺爲主，因客人中會有對味精過敏，經濟艙則以分發能快速、菜式、份量、成本均要考量。

二、餐食供應品質

　　航空餐要有一定品質，提供航空餐的廚房要製作標準化食譜，給予該航空公司的品管人員試餐，由於飛機上要用烤箱加熱，因此餐食中常須加醬汁，以免烤後成品太乾。

三、異業結盟

　　現今航空餐開發新菜單與美食協會、飯店廚師做策略聯盟，確保提供的餐食美味，符合消費者需求。

第二節　航空餐點設計考慮因素

　　航空餐點考慮因素如下：

一、餐點須經烤箱再加熱

　　除了生菜沙拉之外，熱食均須經再加熱後食用，因此菜單設計時應考慮經急速冷凍再加熱後不會變味、變色。

二、成本考量

　　近年來廉價航空加入航空業，使得航空市場有很大變革，飛機上之餐食不宜花費太高，因此在航空餐之設計應有成本之考量。

三、食材選購

　　宜在地化及符合當季的食材以符合環保概念，同時較便宜又好吃。

四、航線及航時

　　航空餐食的設計均以考慮客戶的需要，根據不同的航線到不同的國家的空廚去訂餐，下單點菜，配合客人的生理時鐘來供餐。

五、餐具要輕便、易收拾

飛機走道窄，餐具宜精緻、容易供應及收拾，配合菜單來設計盛放的餐具。

六、人員管理制度化

由於飛機上服務人員有限，更應有標準化的操作，人員管理更應符合標準作業流程。

七、考慮不同國籍旅客的需求

如印度人喜歡咖哩口味，日本人喜歡精緻小點心，大陸北方的旅客喜歡口味重之菜餚，南方則口味較淡。

八、考慮不同艙等旅客

由於頭等艙、商務艙、經濟艙之收費標準不同，菜單及餐具之選擇就會有差異，高等艙要吃得精緻，經濟艙要吃得飽。

第三節　航空餐點設計人員具備之職能

航空餐點設計人員具備下列職能

一、具備有不同國家飲食文化

應有多元的國際觀，不同國家的人有其宗教信仰，不同宗教信仰有其飲食喜好與禁忌，應有所了解。

二、對國際食品衛生法規有所了解

不同國家有其食品衛生法規，應了解不同國家之抽樣及食品衛生法規。

三、對菜單了解

由於提供不同顧客膳食，顧客問到供應的餐食，應了解其食材及烹調方法。

四、和氣做服務

一定要有和氣的態度，在供餐及收回餐具時，一定要和氣。提供國際化的餐食是一件不容易的事，未來全球化、資訊化，旅遊更頻繁，飛機上的餐飲更須簡單、精緻、營養、美味才能符合旅客之需求。

第四節　未來航空餐之發展

由於石油越來越貴，如果世界持續不景氣，廉價航空業發展，可能航空餐會減編甚而不提供餐食，若要增加費用，消費者權益提升，可能須多元化經營，由異業結盟，如現今「鬍鬚張」的魯肉飯與華航結盟，讓飛機上的人可享受到臺灣小吃。

航空餐經費提高則在菜單的設計，餐食的供應則需精心設計，提供更好的服務，因此未來的航空基於費用，將有二極化的餐食供應。

第十三章

辦桌

臺灣在1968至1988年戒嚴時期快速工業化，由於大批大陸各省籍的人遷臺，將大陸菜餚與臺灣菜餚融合，人們生活儉樸、好客，辦桌成了當時社會風尚。

早期臺灣農村社會，遇到小孩滿月、結婚、新居落成、生日、尾牙、神明誕辰、喜宴、喪事，常以「辦桌」來聯絡鄉里的情感。辦桌又稱爲「外燴」，爲團膳重要的一種類型，現代社會中也有五星級飯店外出做外燴或一般的外燴服務，供應的桌數與人數相當可觀，經過40～50年的歷練，臺灣的辦桌已大有規模。

第一節　外燴流程規劃

外燴提供餐食供應，現已有系統，包括事前溝通、菜單設計、設備及場地規劃、試菜簽約、團隊溝通、記錄與成本計算。

(一)事前溝通

應依宴客的目的、每桌價錢、桌數，了解對方的需求。

(二)菜單設計及成本計算

與顧客協商後列出菜單，並計算成本，菜單設計要給顧客看過並同意，才能做食材的採購。

(三)設備及場地

視現場來做設備及場地之規劃，注意電力、瓦斯、水源，注重工作流程，依天氣、地點做食材的處理，確認是否需要冷藏、冷凍設備、餐具餐盤、桌椅之需求量。

(四)試菜簽約

做好菜單設計、設備及場地規劃後，將試作菜色請對方試吃，試吃後簽約。

(五)團隊溝通

整合工作員工，依工作外場做工作分派，讓團隊了解整體的工作搭配，內外場人員要溝通，人力分配得宜可使工作更順暢。

團體膳食管理與製備

(六)記錄及成本計算

清點設備，事後檢討，做顧客管理之紀錄並做成本計算，期待未來工作更順利。

第二節　外燴企業管理

一、菜單設計

每一位外燴之總鋪師均有其特色辦桌菜，如已故國寶級林添盛總鋪師以十二生肖為主題用於不同的場合，以鼠宴（主菜為生肖齊全）又稱為「天子宴」，在選舉時用之，表示一步登天、一舉成名；牛宴（主菜為收心清菜）用於建醮宴席，表示任勞任怨、平平安安；虎宴（主菜為鱸鰻）用於普渡，表示天神保佑、平安吉祥；兔宴（主菜為八寶肝肚），用於新居落成，表示新居平安；龍宴（主菜為花好月圓）用於結婚，表示早生貴子；蛇宴（主菜為月桃鮮魚），用於歸寧，表示六六大順；馬宴（主菜為麻油雞），用於生子滿月，表示喜氣洋洋；羊宴（主菜為蹄膀麵線），用於生日，表示壽比南山、福如東海；猴宴（主菜為合菜），用於祈福宴，表示喜氣洋洋；雞宴（主菜為布袋雞），用於尾牙宴，表示十全十美；狗宴（主菜為佛跳牆），表示闔家安康；豬宴（主菜為冬菜鵝肉），用於來生宴，表示祖德賜福，吉祥之兆。

除此之外，不同地區有其特色之辦桌菜，如：

(一)臺北地區

冷盤、全雞、河鰻、鮮魚捲、八寶肝肚、佛跳牆、燴海鮮、竹笙湯、米糕捲。

(二)彰化地區

四色冷盤、蹄膀魚翅、蝦捲、春捲、豬肚湯、紅蟳米糕、蝦丸湯、甜點。

(三)臺南地區

冷盤、白菜滷、五柳枝、紅蟳米糕、炸肉丸、肝捲、醃雞、封肉、虱目魚丸湯。

(四)宜蘭地區

冷盤、炸雞、米糕、鹹菜湯、炒三鮮、魷魚螺肉蒜、紅燒魚、糕渣。

(五)客家辦桌

四炆（酸菜豬肚、爌肉、排骨炆菜、炆筍乾）、四炒（客家小炒、薑絲豬腸、炒豬肚、豬肺鳳梨）。

　　不同的宴席要設計不同的菜餚，如生子滿月一定要有麻油雞，包括要有內臟之全雞，表示小孩長大後文武雙全；新居落成一定要有全雞，表示起家；婚宴一定要有雀巢，表示新築愛巢，不能用鯉魚，表示會分離；新居宴要有圓仔湯，表示圓滿，不能有藥膳，表示生病之意；壽宴要有麵線或壽桃，表示長壽；喪事要有魚頭、魚尾；尾牙宴要有全雞，表示員工有向心力。

二、人事管理

　　一般有大工、小工、臨時工，依辦桌桌次多寡有不同的組成來搭配，大工為廚師級擔任總鋪師之助手，小工負責洗菜、切菜、擺餐具、收碗筷之雜事；臨時工常為端菜之人員，現在常由餐旅系的學生來擔任。

三、生產管理

(一)生產管理模式

　　總鋪師在生產管理常有二種模式，即現場直接處理或採買已處理好的食材，現場處理廢棄物較多，花費時間較長，成本較便宜，採購已處理好的食材較方便，人力花費較低。

（二）場地環境衛生

保持現場水溝暢通，水源要安全並做好水質檢查。

（三）食品安全防範

在外燴時要防範食品安全，如人為蓄意或外物入侵。在人為蓄意之防範要考慮食材來源要沒受污染，運送要有安全的溫度並有良好的包裝，工作過程注意每一環節，熟食更要注意安全，不能讓人動手動腳。在外物入侵要加強防備貓狗進入，做好的餐食應加保鮮膜保護。

四、財務管理

外燴講求薄利多銷，早期缺乏財務管理，由於無法掌握客源及客人需求，不像固定餐飲有一定的營業額，在財務管理上宜注意下列事項：

（一）供貨來源

要品質好、穩定，要有好的供應商來提供貨源，可用半成品、調理食品來製作，租借桌椅之配合廠家要穩定，才有穩定的保障。

（二）人力資源

人力資源要廣，須建檔當，要找人時才能相互搭配。

（三）每次事前計算成本，事後做成本之檢討

五、行銷管理

（一）建立顧客資料，記錄顧客之喜好、訂桌之目的、菜色作為基本顧客

（二）網路行銷，將菜色、特色、服務放在網路做行銷

（三）口碑相傳，由固定之客人協助於生意

第十四章

老人膳食管理

隨著醫療的進步，人們越來越注重養生，國人壽命提高，加上出生率下降，加速人口高齡化現象，在2012年資料顯示臺灣地區65歲以上人口比例占11.15%，老人的健康狀況受到很大關注，影響老人飲食的因素、老人膳食管理、銀髮族的食品研發成爲現代膳食重要之一環。

第一節　影響老人飲食的因素

　　影響老人飲食的因素有生理、心理、疾病及藥物三大因素，現敘述於下：

一、生理因素

(一)牙齒

老人牙齒健康影響他對食物的咀嚼，使用不當假牙造成咀嚼力受到限制，當食物無法充分咀嚼自然造成老人對纖維素的攝取會降低，造成葉酸及維他命C之攝取不足。

(二)味覺與嗅覺

由於老化使得味覺與嗅覺之靈敏度下降，味覺使得老人對甜味及鹹味之靈敏度下降，對酸味及苦味靈敏度提高。

(三)唾液

老人唾液分泌減少，使得食物潤滑不足，造成進食不易，減少進食。

(四)腸胃道功能

由於消化道蠕動減緩，小腸細胞吸收率減緩，影響營養素的吸收。

(五)視覺與聽覺

由於視覺與聽覺退化，降低對食物的辨識與進食能力，影響食慾。

二、心理因素

(一)家人支持

老人如與家人同住會攝取較豐富的食物，營養素的攝取亦較充足。

(二)傳統的觀念

老人常依循傳統的飲食禁忌而造成攝取食物種類減少，如傳統食物冷、熱、寒之觀念，限制了食物的攝取。

(三)社會互動

老人增加社會互動、心情平和可協助老人正向發展，大多數老人面臨配偶與朋友死亡，照顧者常為家人，因此家人的關心也是影響老人飲食攝取重要之因素。

三、疾病及藥物

大部分老人常罹患糖尿病、高血壓、冠狀動脈疾病等，疾病限制飲食的食物種類，造成生理改變，減少營養素的吸收。老人常須服用藥物，造成味覺與嗅覺受到影響，影響食物的消化、吸收、利用與排泄。

第二節　老人的膳食供應型態

老人的膳食供應分為普通飲食、軟質飲食、切碎飲食、流質飲食、糊狀飲食，老人的飲食宜少量多餐。

一、普通飲食

適合於攝食、咀嚼、吞嚥、消化功能正常的老人，給予米飯、麵食為主食的一般餐食。

二、軟質飲食

提供給沒有牙齒或咀嚼能力較差的老人，主食為粥或質地較軟的食

物，成品容易咀嚼的食物。

三、切碎飲食

將固形食物切碎，適合老人飲食。

四、流質飲食

以流質的食物如蔬菜湯、濃湯、果汁、牛奶給老人食用。

五、糊狀飲食

流質食物加入葛粉或藕粉，製成成品具黏稠感。

第三節　在地化老人服務

在地化老人服務起源於1960年北歐瑞典，歐洲當地年長者不希望老化過程居住於養護機構，而希望回歸社區，1990年後此種想法遍及加拿大、日本、美國。臺灣於2003年時行政院文化建設委員會提出臺灣健康社區六星計畫，為促進社區健全提出改善，以發展就業、醫療、治安、教育、景觀、環保六大方向，希望建立健康樂活社區，以在地化老人服務為目標，提出社區老人送餐服務計畫，提供社區年滿65歲以上老人有送餐需求者，解決餐飲問題，供餐服務地點在社區發展協會、自費安養中心、文康中心、老人會館、宗教寺廟，每人每餐由政府補助50元。

飲食製備通常委託醫院、營養午餐之團膳公司，將做好的餐食配送給當地老人。

送餐服務循環菜單如表14-1～14-3：

表14-1　送餐服務循環菜單

套數 餐別	菜單 類型	一	二	三	四	五
午餐	葷菜	椒鹽魚片	蔥爆雞丁	香酥鯛魚	滷雞塊	糖醋魚
	葷素拌合	蛋白和菜	黃瓜肉片	蔥爆肉絲	洋蔥魚丁	火腿炒蛋
	素菜	炒青菜	炒絲瓜	芝麻四季豆	番茄炒蛋	炒青菜
	湯	海帶芽湯	冬瓜湯	金針肉絲湯	豆腐湯	高麗菜乾湯
晚餐	葷菜	紅燒雞	豆瓣魚	蔥油肉片	瓜子肉	烤鯛魚
	葷素拌合	回鍋肉	蔥炒蛋	荷包蛋	茄汁魚	黃瓜肉片
	素菜	炒青菜	沙茶素雞	黃金豆腐	素雞	吻仔魚莧菜
	湯	芹菜貢丸湯	蘿蔔湯	蔬菜湯	酸辣湯	筍絲湯

表14-2　送餐服務循環菜單（續）

套數 餐別	菜單 類型	六	七	八	九	十
午餐	葷菜	爐肉	三杯雞	粉蒸肉丁	豆瓣雞丁	瓜仔肉
	葷素拌合	三杯麵腸	麻婆豆腐	三杯麵腸	蘿蔔乾烘蛋	青椒雞丁
	素菜	開陽瓠瓜	燜茄子	開陽白菜	炒青菜	紅燒冬瓜
	湯	肉絲湯	大黃瓜湯	榨菜肉絲湯	冬瓜湯	玉米湯
晚餐	葷菜	蒜泥魚片	香酥鯛魚	蒜香旗魚	紅燒魚	塔香魚片
	葷素拌合	豉汁肉丁	蠔油肉片	魚香烘蛋	醬汁麵腸	乾拌素雞
	素菜	燜絲瓜	炒地瓜菜	炒地瓜葉	鹹蛋苦瓜	炒綠花椰菜
	湯	南瓜湯	羅宋湯	木瓜排骨湯	蘿蔔湯	番茄蛋花湯

表14-3　送餐服務循環菜單（續）

套數 餐別	菜單 類型	十一	十二	十三
午餐	葷菜	醬燒肉丁	紅燒雞腿	蒜泥白肉
	葷素 拌合	紅蘿蔔炒蛋	青蔥肉片	紅燒豆腐
	素菜	糖醋黃瓜	燒茄子	燜菜豆
	湯	海帶湯	大黃瓜湯	白菜甜不辣湯
晚餐	葷菜	烤柳葉魚	茄汁魚片	滷肉
	葷素 拌合	家常豆腐	瓜子肉	蛋捲
	素菜	炒三丁	蒜香青江菜	炒菠菜
	湯	大黃瓜湯	貢丸湯	玉米濃湯

第十五章

團體膳食機構調味料的使用

團體膳食機構爲了掌控品質常在烹調過程將食譜標準化，爲了標準化將所用的調味料與不同的香辛料、食品添加物混合，加入一定比例的菜餚或湯中，因此需了解調味料的安全性及合法的食品添加物。（如表15-1）

表15-1　香辛料的種類、特徵及用途

香辛料種類	特徵	用途
鬱金 （curcuma longa）	根莖呈深橙黃色，塊狀，肉黃，具香味，開花期在8～11月，花色為淡黃色，有漏斗狀唇瓣	根莖磨成粉，作為咖哩粉的著色劑，含黃色色素（cur-camine, $C_{21}H_{20}O_6$）
薑 （ginger）	根莖呈深黃色，肉黃，塊狀。開花期5～6月，花為黃色	根莖乾燥後可做健胃劑
胡椒 （pepper）	胡椒為兩性花，開花後結成漿果，果實呈圓形或橢圓形，內含1粒種子 市售有黑胡椒與白胡椒之分，當果實成熟前採收乾燥後，使果皮變成黑色稱為黑胡椒；果實成熟後，去果皮乾燥，表面成白色，稱為白胡椒	做調味料及製造咖哩粉的材料，主要成分為胡椒鹼（Pepperine），用來做香辛料 白胡椒較黑胡椒氣味好，但亦有人較喜歡黑胡椒的氣味
八角茴香 （star anise）	常綠喬木，果實呈放射星芒狀，有八個角，呈褐色，果實以水蒸氣蒸餾可得八角茴香油（star anise oil）	即八角，常做滷肉、紅燒肉之香辛料
豆蔻（nutmeg）	常綠高喬木，果實呈卵球形，肉質，果實成熟後，內有黑色種子，種仁油多，可做香辛料	將果實以水蒸氣蒸餾可得豆蔻花油，果實脫澀後，加以乾燥粉碎，可加入咖啡粉中
山葵（wasabi）	利用山谷流水栽培稱為水山葵，在陸地栽培的稱為沺山葵，根莖大	新鮮根莖磨碎，可作為生魚片、壽司、肉類調味料，山葵具辛辣味可刺激食慾，幫助消化

香辛料種類	特徵	用途
花椒	落葉灌木，9～10月果實成熟，種子為黑色	花椒種子乾燥後做食品香料，將果實以水蒸氣蒸餾後可做成精油，烹調時常將它炒香，碾碎後使用
芥菜子（mustard seed）	一年生草本，葉緣為不規則呈齒狀，花小、色黃、種子小	利用種子磨成粉或做成芥末醬，通常使用芥末粉時，加水後1小時內速予食用，否則會使芥末粉酵素喪失功用，失去辛辣味
丁香（clove）	6～8月開花，花蕾最初為青綠色，變黃再轉紅即可採收，採收後花蕾可做成香料	丁香花蕾經乾燥後具有特殊香味，可用作調味料，而且具有殺菌防腐力可作為食品保存劑粉末狀的丁香粉可作為甜點的調味料，除此之外，可用水蒸氣蒸餾出精液油含En-genol
時蘿（dill）	一年生草木，全株無毛，具有強烈的香氣	種子可做咖哩粉香料，葉用於做湯 將種子以水蒸氣蒸餾可得精油，其成分為carvone具強烈芳香味
姬茴香（caraway）	二年生草本，根為黃白色，肉質細緻，果實是長橢圓形，黃色，具芳香味	果實主要成分為carvon，可作為餅乾、麵包、香腸、洋酒之香料，根可做蔬菜，風味與胡蘿蔔相似
馬芹（cumin）	1年生木，花青白色，種子為黑色，有辛味及香氣	種子做咖哩粉的混合香料，用於做湯、香腸、麵包之香料
小茴香（fennel）	多年生草本植物，果實圓柱形	果實蒸餾後可得精油，成分為茴香醚（anethol, $C_{10}H_{12}O$），作為麵包、洋酒、飲料之香味料
九層塔	一年生草本，株高60公分，葉成長橢圓形，花為穗狀輪繖花序	新鮮葉或嫩芽可作為蔬菜調味料，可提煉精油，用於麵包、酒、醬油、醋湯

香辛料種類	特徵	用途
紫鮮	一年生草本，葉對生，呈鋸齒狀，株高90～120公分	葉可做著色劑、香料及精油，葉常作為梅子之著色劑，種子可提煉香油
桂皮	為肉桂樹的皮，用於烹調腥味較重的菜餚	以質細、有桂香、甜、土黃色為佳
咖哩粉	以薑黃粉為主，加上白胡椒、芫荽子、小茴香、桂皮、花椒、薑片調配而成	色黃、味辣而香
五香粉	由薑、桂皮、草果等香料研磨而成，有多種香味	使菜餚發揮出誘人香味
蝦醬	用小蝦及鹽研磨而成	放入鮮肉、菜肉，味鮮美，可生吃亦可沾醬

一、調味料的安全性

市售的調味料加入菜餚中，使得菜餚味道變好，水和性大，由於用量大價格便宜。調味料的分子量越小者總極性越大，水和性越好。分子量越小，吸水性強，味道越好，不須消化作用即可吸收，人體大量食用長久下來將使人體的腎功能迅速退化。最簡單判定方法即食用餐食之後感到口渴，須大量喝水，即可判定為調味料過量。現介紹常用的調味料如下：

二、調味料的組成

為了使食物有鹹味常加入鹽，為了使食物有甜味常加入糖，有酸味加入醋，然而中國菜餚常加入各種不同的調味料做成綜合調味料，使食品產生不同的味道，因此調味料的組成如下：

(一)鹽

臺灣四面臨海，引進海水經日曬成海鹽，由於日曬後的鹽顆粒粗，即為粗鹽，適合醃製菜，如酸菜、梅乾菜醃製時可用粗鹽。為了在菜餚中容易溶解，將鹽研磨成精鹽。為了增加國人碘的食用在精鹽

中加碘成碘鹽。甲狀腺機能亢進者則不宜使用碘鹽，針對高血壓病患以鉀離子取代納離子，市售有低納鹽。

團膳機構使用精鹽，使用量爲菜量之0.5%

(二)味精

又稱爲麩酸鈉（monosodium L-glutamate）左旋的味精具有鮮味，美國人吃了含有味精的菜餚會有起紅疹之過敏反應或口乾舌燥的現象，因此在國外味精是不好的調味料。

當味精遇到鹼性食品會轉變成麩氨酸二納，失去鮮味，加熱至120℃以上則變成致癌成分的焦麩氨酸鈉，團體膳食製作可藉由熬煮大骨高湯取代使用味精。

市售的高鮮味精是完全由核甘酸組成的，如柴魚鮮味與香菇鮮味，另一類由核甘酸與非必要胺基酸，如麩胺酸、丙胺酸組成，其中以核甘酸製作成的鮮味劑代謝易產生尿酸，痛風的人不宜使用。

(三)醬油

依製造過程有釀造醬油、化學醬油，釀造醬油所需時間久，因此大都使用化學醬油，即用製造沙拉油過程中的黃豆渣爲原料，加入鹽酸使之分解，再加碳酸鈉中和至PH爲5.0～5.1，經過濾後脫色、脫臭，加入食鹽水而形成。

醬油之使用以有正字標誌或CAS標誌，要有製造廠商名稱、地址、製造日期、使用添加物的名稱及用量爲宜。

(四)糖

臺灣糖是由甘蔗榨汁所製作出來與歐洲用甜菜做出來的糖不同，蔗糖經熬煮出來爲黑糖，經去雜質結晶後成爲棕色的二砂；再經精煉成白糖，由於白糖不易溶解經壓碎成細砂糖。

爲了使紅燒的產品具有光澤，常在紅燒醬料中添加了冰糖；爲了防止製作出來月餅皮龜裂，常在麵糰內添了轉化糖漿。

食品加工業用玉米製作出果糖，如果玉米有黃麴毒素或重金屬污染，製作出來的玉米糖漿不宜使用。果糖的甜度很高，攝取過多會

導致無法抑制食慾，造成過度進食，導致肥胖。成年期糖尿病患由於攝取高果糖會增加胰島素的阻抗性，對血糖控制不佳；同時攝取高果糖也會造成高三酸甘油脂與高血壓的風險，團膳製造甜食不宜淋上果糖。

(五)醋

醋依製造過程可分爲釀造醋、合成醋與加工醋，釀造醋常利用穀物釀造而成故味道香醇，合成醋與加工醋味道較刺激。

在團膳製作過程醋可去魚類及海鮮之腥臭味，可促使紫色與白色蔬菜色澤更好，可使餐食讓吃的人更有食慾，因此可添加增加調味之多元性。

(六)香辛料的種類與用途

爲了增加菜餚的風味，可加入不同的香辛料，如下表：

表15-2　市售香料種類及其用途

香辛料種類	用途
嫩精 （meat tenderizer）	嫩精係純植物果子酵素製成，以煎牛排、炒牛肉最佳，次對其他老韌肉類嫩化均有特效
黑胡椒粉 （black pepper）	黑胡椒因品種和產地不同，風味亦有極大差異。黑胡椒粉以精選之一級馬來椒研磨，適用於湯類、肉類調理、沙拉或即席撒用等
粗粒黑胡椒 （black pepper）	黑胡椒在精心處理分級下，具胡椒獨特原味，通常粗粒或原粒多用於醃漬肉類或調味汁、牛排等
白胡椒粉 （white pepper）	白胡椒因品種和產地不同，風味亦有極大差異。係以一級之白胡椒研磨，香味純正，適用於酸辣湯等湯類或肉品醃漬
美式胡椒鹽（pepper salt）	適用於炸烤魚肉類及漢堡等之沾食或撒用
五香粉（stew powder）	可用於炒菜、醃肉、滷味等，香味純正、持久
印度咖哩（curry powder） （india）	咖哩以進口印度、埃及、伊朗等地最好之香料，調配出風味均衡，金黃色澤

香辛料種類	用途
香蒜粉 （garlic powder）	蒜粉及蒜粒可完全代替新鮮蒜頭，使用於魚肉類調理、去魚腥、西式湯汁、調理沙拉、義大利麵、牛排醬、做蒜泥佐料、大蒜麵包等，方便實用
紅椒粉（red pepper）	適用於一般魚肉類調理、湯類或火鍋調味
湯用胡椒 （celery pepper）	湯用胡椒係以上選胡椒調配天然芹菜，即席撒用於燙羹類、湯麵類或貢丸湯等，有意想不到的美味呈現（可以省略新鮮芹菜的使用）
香蒜粒 （garlic powder granule）	蒜粉及蒜粒可完全代替新鮮蒜頭，使用於魚肉類調理、去魚腥、西式湯汁、調理沙拉、義大利麵、牛排醬、做蒜泥佐料、大蒜麵包等，方便實用
花椒粉 （szechuen pepper）	花椒具有獨特香味，並有防腐、抗氧化等功能，使用於燉、滷牛肉、醃臘肉、醃泡菜、去魚肉腥等，為中國傳統香料之一
綜合椒鹽 （pepper salt chinese）	傳統中式口味椒鹽，適用於廣東料理、鹹酥雞等沾食用
山葵粉 （horseradish）	山葵粉，辣嗆味純正自然，餘味甘甜，為上等山葵研磨調理而成，適用於生魚片調理，調配冷開水後燜約10分鐘即可食用
玉桂粉 （cinnamon ground）	玉桂粉係以上選錫蘭玉桂皮研磨而成，香味濃郁甜美略帶辛辣，用於烘焙麵包或魚肉類調理等
黃芥末 （mustard flour）	黃芥末適用於調配各式沙拉醬、沾醬漢堡或三明治佐味醬
月桂葉 （bay leaves）	月桂葉是地中海區的產物，與食物共煮後具有濃郁之香味，尤適用於燉肉、番茄湯、調味汁及煮馬鈴薯等
俄力岡粉 （oregano ground）	俄力岡又名比薩草，使用於燉牛肉、肉湯或漢堡等，並可用於通心麵、煮蛋或茄子、番茄、沙拉之調理上
俄力岡葉 （oregano leaves）	俄力岡又名比薩草，使用於燉牛肉、肉湯或漢堡等，並可用於通心麵、煮蛋或茄子、番茄、沙拉之調理上
匈牙利紅椒（paprika）	匈牙利椒含有豐富之維生素C及A，可用於食品調色裝飾或調味，一般用於肉類之浸泡粉液中，或撒在點心、馬鈴薯片、薄餅等上面

香辛料種類	用途
迷迭香粉 （rosemary ground）	迷迭香生長於法國、西班牙等地，具有獨特之甘味及清爽味，凡家禽類、畜肉類或湯類、魚肉類皆可酌量調理使用
迷迭香葉 （rosemary leaves）	迷迭香生長於法國、西班牙等地，具有獨特之甘味及清爽味，凡家禽類、畜肉類或湯類、魚肉類皆可酌量調理使用
墨西哥香料 （chili powder）	墨西哥香料一般用於浸泡肉類之調味汁，亦可用於培烤馬鈴薯、炒蛋或豆類；在披薩、義大利麵醬或烤肉醬上亦廣泛的使用
義大利香料 （italian seasoning）	義大利香料特別適合於通心麵醬、披薩餅等以番茄為主的調理食品，亦可用於湯、肉類、或沙拉調味料
比薩香料 （pizza seasoning）	適用於熬披薩醬或混合橄欖油、酒、醋及披薩香料，可作成沙拉調味汁
百里香粉 （thyme ground）	百里香具有獨特之香甜氣味，自古希臘時即被廣為使用。適用於燒烤雞、魚肉類及羅宋湯、蔬菜湯等
百里香葉 （thyme leaves）	百里香具有獨特之香甜氣味，自古希臘時即被廣為使用。適用於燒烤雞、魚肉類及羅宋湯、蔬菜湯等
素食咖哩（curry powder for vegetarian）	素食咖哩是專為素食者而調配
雞汁咖哩（curry powder with chicken essence）	雞汁咖哩係將印度咖哩調和雞肉原汁等調味料，能呈現更完美的咖哩風味
紅椒片 （red pepper crushed）	一般使用於義大利式調味醬及墨西哥菜餚上，如燉牛肉、切盤、湯麵或撒在披薩上，具有味覺及視覺雙重效果
肉桂捲 （cinnamon quills）	錫蘭進口之高級香料，可用於攪拌熟茶、咖啡、巧克力飲料或燉煮牛肉、醃肉、醃漬水果等
荳蔻粉 （nutmeg ground）	荳蔻粉通常用於甜點、布丁類或烘焙糕餅、魚、肉加工品等，如甜甜圈（dough nut）上，少不了要放些荳蔻粉，否則就失了吸引人的味道
香芹粉 （celery powder）	使用於湯類、蛋類、調味汁、沙拉、醃漬物、番茄醬以及肉製品中，香味強而且持久，可取代許多需要新鮮芹菜之菜餚上

香辛料種類	用途
丁香粉 （clove ground）	丁香粉係以上選進口丁香研磨而成，一般使用於巧克力布丁、烘焙糕餅或肉類調理等
丁香粒 （clove buds）	丁香粒係以丁香樹之花苞乾燥而成，通常使用於火腿、豬肉、甜點、醃漬食品等
薑母粉 （ginger powder）	辛香薑粉可代替一般生薑使用，如於魚肉類等之調味、去腥等，亦可用於烘焙薑餅、薑麵包及薑布丁派，或於醃漬水果及製作咖哩粉等
洋蔥粉 （onion granule）	洋蔥粉香味甜美，一大湯匙洋蔥粉經復水後相當於一個大洋蔥，加於湯類、燉肉、醃肉中可代替新鮮洋蔥使用，開封後請密閉冷藏或置於陰涼處
甘椒 （all spice ground）	甘椒同時具有肉桂、丁香、荳蔻之香味，亦名眾香子，使用範圍廣泛，特別適用於蒸、煮、燉、燜小牛肉、羊肉或漢堡等肉類或使用於水果蛋糕、蜂蜜蛋糕等
羅勒 （basil leaves）	羅勒味道與「九層塔」類似，可用於培烤食品、調味汁，或酒精飲料之調味料，尤其適合與以番茄為主的料理搭配，如義大利麵、炒蛋等
凱莉茴香 （garaway seeds）	凱莉茴香又名葛縷子，原產於歐洲、亞洲及北非等地，主要用於香腸、肉品加工及燕麥麵包上
芹菜鹽 （celery salt）	芹菜鹽是種全能調味料，可用於燉烤肉類（pot roast、meat loaf），加於番茄或烤肉醬中，亦可撒用於湯類或煎蛋等，作為調味鹽使用
小荳蔻 （cardamon seeds）	阿拉伯國家喜用小荳蔻泡咖啡作為待客之主要飲料；小荳蔻為較高價之香料，咖哩粉中常少不了，另可用於牛肉餅或烘焙食品等
胡荽子 （coriander ground）	胡荽粉多用於肉類加工（如熱狗、香腸等）及烘焙食物、咖哩粉
小茴香 （cumin seeds）	小茴香具有溫暖怡人的獨特香味，可使用於馬鈴薯、雞肉等沙拉醬，或肉類調理、烤肉醬及牛肉湯等

三、合法食品添加物

食品衛生管理法第12條明定食品所使用的添加物，應符合食品添

加物使用範圍及限量暨規格標準，第14條明定經衛生署公告指定之食品添加物應申請查驗登記，取得許可證，第17條要求食品必須將所使用的食品添加物標示出來。第11條要求食品應將食品添加物的品名或用途標示。目前食品添加物有17大類，超過800品項。

17大類中有防腐劑、殺菌劑、抗氧化劑、漂白劑、保色劑、膨脹劑、品質改良用、釀造用及食品製造用劑、營養添加劑、著色劑、香料調和劑、黏稠劑、結著劑、食品工業用化學藥品，溶劑、乳化劑及其他類。

違法使用食品添加物依法沒收產品，違反食品衛生法第11條或12條，可處6萬元以上30萬元以下，或3萬元以上15萬元以下的罰款，致人體健康受損者，將移送法辦。

合法食品添加物之種類與劑量如附錄一。

附錄一
食品添加物使用範圍及限量

（請見http://law.moj.gov.tw/LawClass/LawContent.aspx?pcode=
L0040084）

國家圖書館出版品預行編目資料

團體膳食管理與製備／黃韶顏、倪維亞著.
－－初版. －－臺北市:五南, 2015.09
　面; 公分
ISBN 978-957-11-8101-1(平裝)
1.餐飲業管理
483.8　　　　　　　　　104006481

1L87 餐旅系列

團體膳食管理與製備

作　者 — 黃韶顏（296.6）　倪維亞

發 行 人 — 楊榮川

總 編 輯 — 王翠華

主　編 — 黃惠娟

責任編輯 — 蔡佳伶　高珮筑

封面設計 — 童安安

出 版 者 — 五南圖書出版股份有限公司

地　　址：106台北市大安區和平東路二段339號4樓

電　　話：(02) 2705-5066　傳　　真：(02) 2706-6100

網　　址：http://www.wunan.com.tw

電子郵件：wunan@wunan.com.tw

劃撥帳號：01068953

戶　　名：五南圖書出版股份有限公司

法律顧問　林勝安律師事務所　林勝安律師

出版日期　2015年9月初版一刷

定　　價　新臺幣260元

國家圖書館出版品預行編目資料

團體膳食管理與製備／黃韶顏、倪維亞著.
－－初版. －－臺北市:五南，2015.09
　面；　公分
　ISBN 978-957-11-8101-1(平裝)
1.餐飲業管理
483.8　　　　　　　　　　104006481

1L87 餐旅系列

團體膳食管理與製備

作　　　者 ― 黃韶顏（296.6）　倪維亞

發 行 人 ― 楊榮川

總 編 輯 ― 王翠華

主　　　編 ― 黃惠娟

責任編輯 ― 蔡佳伶　高珮筑

封面設計 ― 童安安

出 版 者 ― 五南圖書出版股份有限公司

地　　　址：106台北市大安區和平東路二段339號4樓

電　　　話：(02) 2705-5066　　傳　　　真：(02) 2706-6100

網　　　址：http://www.wunan.com.tw

電子郵件：wunan@wunan.com.tw

劃撥帳號：01068953

戶　　　名：五南圖書出版股份有限公司

法律顧問　林勝安律師事務所　林勝安律師

出版日期　2015年9月初版一刷

定　　　價　新臺幣260元